水电水利规划设计总院
China Renewable Energy Engineering Institute

中国可再生能源发展报告 2023年度

CHINA RENEWABLE ENERGY DEVELOPMENT REPORT

水电水利规划设计总院　编

U0212728

中国水利水电出版社
www.waterpub.com.cn
·北京·

图书在版编目（CIP）数据

中国可再生能源发展报告. 2023年度 / 水电水利规划设计总院编. -- 北京 ： 中国水利水电出版社，2024. 6. -- ISBN 978-7-5226-2508-9

Ⅰ．F426.2

中国国家版本馆CIP数据核字第2024JG7758号

书　　名	中国可再生能源发展报告 2023 年度 ZHONGGUO KEZAISHENG NENGYUAN FAZHAN BAOGAO 2023 NIANDU
作　　者	水电水利规划设计总院　编
出版发行	中国水利水电出版社 （北京市海淀区玉渊潭南路 1 号 D 座　100038） 网址：www. waterpub. com. cn E - mail：sales@ mwr. gov. cn 电话：（010）68545888（营销中心）
经　　售	北京科水图书销售有限公司 电话：（010）68545874、63202643 全国各地新华书店和相关出版物销售网点
排　　版	中国水利水电出版社微机排版中心
印　　刷	北京科信印刷有限公司
规　　格	210mm×285mm　16 开本　8.25 印张　199 千字
版　　次	2024 年 6 月第 1 版　2024 年 6 月第 1 次印刷
定　　价	**298.00** 元

编　委　会

序

2023 年是全面贯彻党的二十大精神的开局之年，是实施"十四五"规划承上启下的关键之年，也是全面建设社会主义现代化国家开局起步的重要一年。

以习近平同志为核心的党中央站在党和国家全局的战略高度，面向新时代新征程，对能源特别是可再生能源高质量发展进行了新部署，提出了新要求，总书记在江苏考察时指出"能源保障和安全事关国计民生，是须臾不可忽视的'国之大者'"，在主持中共中央政治局第十二次集体学习时强调："我们要顺势而为、乘势而上，以更大力度推动我国新能源高质量发展，为中国式现代化建设提供安全可靠的能源保障，为共建清洁美丽的世界作出更大贡献。"总书记有关能源的一系列重要指示批示，为新时代能源高质量发展进一步指明了方向，推动引领能源高质量发展取得新成就。

2023 年，中国积极稳妥推进碳达峰碳中和，深入推进能源革命，加快新型能源体系建设，加强可再生能源基地和外送通道建设，推动分布式能源开发利用，提高电网对清洁能源的配置消纳能力，发展新型储能，可再生能源发展取得了显著成就。 2023 年全国可再生能源发电装机历史性超过火电装机，风电、光伏发电跃升为中国的第二、第三大电源，成为电力装机的主体。 可再生能源清洁替代进程持续推进，可再生能源发电量占比超过 1/3。 可再生能源继续保持高效利用水平，2023 年全国风电平均利用率为 97.3%，全国光伏平均利用率为 98%。 重大工程项目全面推进，产业链配套能力不断增强，政策环境持续优化，国际能源合作取得显著进展，大型风光基地、水风光一体化、光伏治沙、"农业 + 光伏"和可再生能源制氢等新模式新业态不断涌现。 同时，中国加大可再生能源技术创新力度，在装备制造、工程建设以及智能化应用等领域取得显著成就，大型智能水电机组、大型化风电机组、高效光伏组件、高能量密度长寿命新型储能等一系列关键技术实现突破。 中国可再生能源的发展不仅为中国式现代化建设提供坚实的能源保障，为实现强国建设和民族复兴的伟大梦想注入澎湃的能源动力，还为全球可再生能源发展、绿色低碳转型贡献了中国智慧和中国方案。

然而，可再生能源的发展并非一蹴而就。 安全可靠、高效经济、技术革新、政策协同、要素保障等方面的挑战依然存在。 特别是在日益严峻的复杂外部环境和需求压力持续增大的大背景下，如何平衡能源供应的稳定性与可再生能源的快速发展，成为我们必须面对的问题。 此外，国际合作在推动可再生能源全球布局中的作用不容忽视，中国将与世界各国分享经验，共同推动全球能源的可持续发展。

展望未来，中国将继续秉持绿色发展理念，推动能源生产和消费革命，将进一步加大政策供给，构建多元绿色低碳能源供应结构，扎实推进新能源基础设施建设，夯实国家新能源发展和安全根基，大力推进能源科技创新，加快形成新质生产力，持续深化能源体制机制改革，积极参与全球能源治理，全方位加强能源国际合作，以更大力度推动新能源高质量发展。

《中国可再生能源发展报告 2023 年度》是水电水利规划设计总院编写的第八个年度发展报告，报告坚持深入贯彻落实"四个革命、一个合作"能源安全新战略，锚定积极稳妥推进碳达峰碳中和的总目标，谋划进行了一些创新，打破了以往分能源品种纵向分析的可再生能源发展情况，尝试以资源、开发、建设、利用、产业技术发展、政策、国际合作等系统全面、突出重点地呈现可再生能源发展情况。 在报告编写过程中，得到了能源主管部门、相关企业、有关机构的大力支持和指导，在此谨致衷心感谢！

强国建设，复兴伟业，可再生能源发展的使命光荣、前景光明，责任重大、任务艰巨。 水电水利规划设计总院愿与可再生能源行业同仁一道，同心协力、锐意进取、克难攻坚，以更大力度推动可再生能源高质量发展，为全面建设社会主义现代化强国作出新的更大贡献。

水电水利规划设计总院院长

二〇二四年·五月　北京

目　录

1 综述

在全球气候变化背景下，加快可再生能源发展成为全球共识，可再生能源技术不断创新，开发成本持续下降。 2023 年，全球可再生能源新增装机容量 4.7 亿 kW，其中中国的贡献超过了 50%，中国已经成为世界清洁能源发展不可或缺的力量。 2023 年中国可再生能源装机容量突破 15 亿 kW，可再生能源发电量达全社会总用电量的 1/3，绿色电力交易和消费占比持续提升，增绿降碳效果显著，可再生能源重大工程的建设和技术创新不断加速，可再生能源产业在全球保持领先地位。

1.1
国际发展综述

加快可再生能源发展成为全球共识

当前，世界格局和国际体系深刻调整，地缘冲突升级加剧，全球经济增长乏力，能源格局加速演变。 2023 年，全球应对气候变化的需求更为迫切，可再生能源合作面临新的机遇与挑战。《联合国气候变化框架公约》第二十八次缔约方大会（COP28）就《巴黎协定》进行首次全球盘点，198 个缔约方达成"阿联酋共识"，呼吁各国采取积极行动，包括到 2030 年全球可再生能源装机容量增加至 3 倍、全球年均能效增加 1 倍、尽快取消低效的化石燃料补贴等。 关于化石燃料的相关表述首次出现在大会决议文件，开启了全球应对气候变化的新篇章，对各国能源绿色转型和推动可再生能源发展将产生深远影响。

全球可再生能源装机规模超 38 亿 kW

截至 2023 年年底，全球可再生能源发电装机容量约为 38.7 亿 kW，新增装机容量约为 4.7 亿 kW，增长率为 13.9%，可再生能源新增装机容量占电力行业新增装机容量的 86%。 2019—2023 年全球可再生能源发电累计装机容量和增长率如图 1.1 所示。

从总量上看，截至 2023 年年底，全球水电（含抽水蓄能）装机容量约 14.1 亿 kW；全球太阳能发电装机容量约 14.1 亿 kW；全球风电装机容量约 10.2 亿 kW，其中陆上风电装机约 9.4 亿 kW，海上风电装机约 7266 万 kW。 全球可再生能源发电装机规模排名前 5 位的国家分别为中国（约 15.2 亿 kW）、美国（约 3.9 亿 kW）、巴西（约 1.9 亿 kW）、印度（约 1.8 亿 kW）和德国（约 1.7 亿 kW），上述国家可再生能源发电装机容量之和约占全球可再生能源发电装机容量的 62%。 2023 年全球各类可再生能源发电装机容量及占比如图 1.2 所示。 2023 年全球可再生能

2023 年全球可再生能源新增装机容量约

4.7 亿 kW

占全球电力行业新增装机容量的

86%

中国可再生能源发电装机规模全球第一

源发电装机容量排名前 5 位的国家如图 1.3 所示。

从增量上看，全球水电（含抽水蓄能）新增装机容量约 1249 万 kW，主要集中在亚洲地区；全球太阳能发电新增装机容量 3.5 亿 kW，占全球可再生能源新增装机总量的 3/4，主要集中在亚洲、欧洲和北美洲；全球风电新增装机容量约 1.2 亿 kW，主要集中在亚洲和欧洲，其中陆上风电新增装机容量约 1.1 亿 kW，海上风电新增装机容量约 1070 万 kW。2023 年全球各类可再生能源发电新增装机容量及占比如图 1.4 所示。

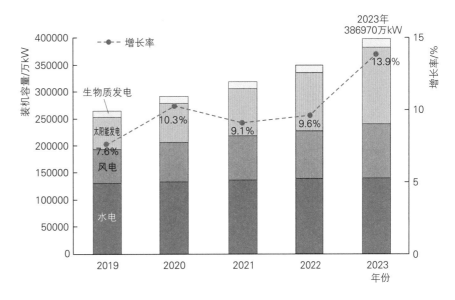

图 1.1 2019—2023 年全球可再生能源发电累计装机容量和增长率

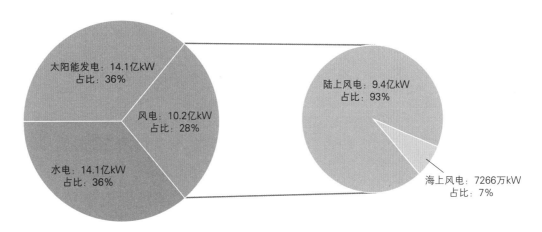

图 1.2 2023 年全球各类可再生能源发电装机容量及占比

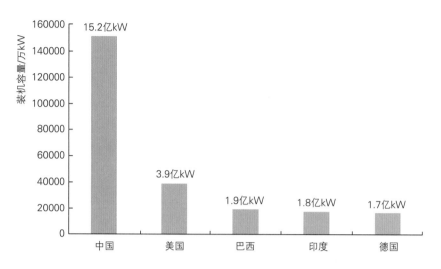

图 1.3 2023 年全球可再生能源发电装机容量排名前 5 位的国家

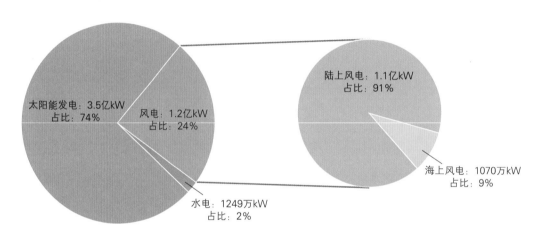

图 1.4 2023 年全球各类可再生能源发电新增装机容量及占比

新能源投资增加同时成本持续下降

2023 年，全球清洁能源转型
领域投资规模约

1.8 万亿美元

可再生能源领域投资约

6380 亿美元

2023 年，全球清洁能源转型领域投资规模约 1.8 万亿美元，增速达 17％左右；可再生能源领域投资约 6380 亿美元，创历史新高。 以风电、光伏为代表的可再生能源发电项目成本优势进一步增强，全球新建陆上风电、光伏项目发电成本大多低于新建和已建的化石燃料项目。 2023 年，全球光伏组件价格同比下降近 50％。 过去 10 年间，全球风电和光伏发电项目平均度电成本分别累计下降超过 60％和 80％。

1.2
国内发展形势

———

可再生能源发电累计装机
容量

15.17 亿 kW

占全国发电总装机容量的
比例达到

51.9%

2023 年，中国可再生能源
发电新增装机容量

3.03 亿 kW

中国人均可再生能源发电
装机规模突破

1 kW

可再生能源累计装机规模突破 15 亿 kW 大关

截至 2023 年年底，中国全口径发电装机容量 29.20 亿 kW，同比增长 13.9%，其中煤电装机容量 11.65 亿 kW，气电装机容量 1.26 亿 kW，核电装机容量 5691 万 kW，可再生能源发电累计装机规模突破 15 亿 kW 大关，达到 15.17 亿 kW，同比增长 24.9%，可再生能源发电装机容量占全国发电总装机容量的比例历史性超过 50%，达到 51.9%，在全球可再生能源发电总装机中的占比接近 40%。 2023 年，中国可再生能源发电新增装机容量 3.03 亿 kW，新增装机容量同比增长 103%，占全国新增装机容量的 84.9%，超过世界其他国家的总和。

可再生能源发电装机中，常规水电装机容量 3.71 亿 kW，占全部发电装机容量的 12.7%；抽水蓄能装机容量 5094 万 kW，占全部发电装机容量的 1.7%；风电装机 4.41 亿 kW，占全部发电装机容量的 15.1%；太阳能发电装机 6.09 亿 kW，占全部发电装机容量的 20.9%；生物质发电 4414 万 kW，占全部发电装机容量的 1.5%。 太阳能发电累计装机在 2022 年首次超过风电，2023 年首次超过常规水电，跃居第二，仅次于煤电。 以风电、太阳能发电为主的新能源总装机突破 10 亿 kW，成为中国可再生能源发展的主力军。 可再生能源在中国能源结构中的地位日益重要，人均可再生能源装机规模突破 1kW。 2011—2023 年中国各类可再生能源发电装机容量及占比变化趋势如图 1.5 所示。 2023 年中国各类电源装机容量及占比如图 1.6 所示。

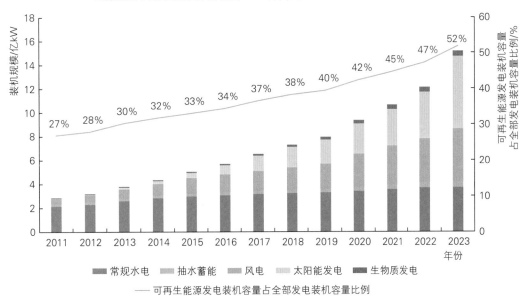

图 1.5　2011—2023 年中国各类可再生能源发电装机容量及占比变化趋势

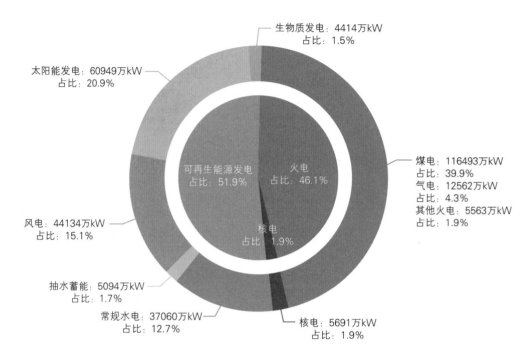

图 1.6 2023 年中国各类电源装机容量及占比

可再生能源发电量达 2.95 万亿 kW·h

2023 年，中国全口径发电量 9.29 万亿 kW·h，同比增长 6.7%，其中煤电发电量 5.38 万亿 kW·h，气电发电量 3016 亿 kW·h，核电发电量 4341 亿 kW·h，可再生能源发电量 2.95 万亿 kW·h，同比增长 8.3%。2023 年可再生能源发电量占全社会用电量的 32%，成为保障电力供应的重要力量。中国可再生能源年发电量超过欧盟全社会用电量。2023 年，可再生能源新增发电量 2262 亿 kW·h，占中国全部新增发电量的 38.7%。

可再生能源发电量中，水电、风电、太阳能发电、生物质发电量分别为 12836 亿 kW·h、8858 亿 kW·h、5833 亿 kW·h 和 1980 亿 kW·h，占全口径发电量的比例分别为 13.8%、9.5%、6.3% 和 2.1%；风电、光伏发电量占全社会用电量比例超过 15%，同比增长 24%，成为拉动非化石能源消费占比提升的主力。

2011—2023 年中国各类可再生能源发电量及占比变化趋势如图 1.7 所示。2023 年中国各类电源年发电量及占比如图 1.8 所示。

生物质能非电利用及地热利用稳步增长

2023 年，中国生物质能非电利用及地热等其他可再生能源利用规模

2023 年可再生能源发电量占全社会用电量的

32%

2023 年中国风电、光伏发电量占全社会用电量比例超过

15%

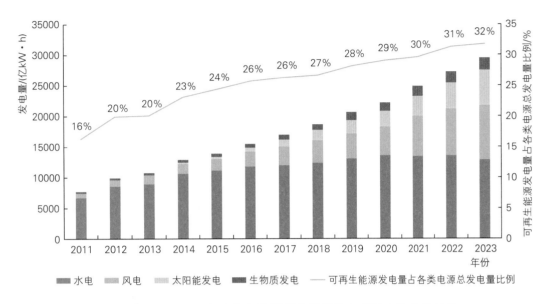

图 1.7　2011—2023 年中国各类可再生能源发电量及占比变化趋势

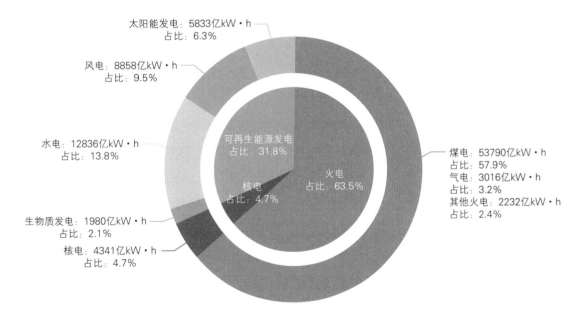

图 1.8　2023 年中国各类电源年发电量及占比

持续扩大。 生物质能非电利用量折合标准煤约 2098 万 t，同比增长
24.4%，生物天然气、生物质固体成型燃料、燃料乙醇和生物柴油年产
量增幅明显。 地热能规模化开发格局初步形成，地热能开发利用以供暖
（制冷）为主，浅层地热能供暖项目规模化开发主要集中在华北和长江
中下游地区，中深层地热能供暖项目的扩大得益于北方地区冬季清洁取
暖政策推动。

重大工程建设全面推进

中国可再生能源项目建设成效显著。 常规水电站积极稳妥推进，玛尔挡水电站开始蓄水，两河口水电站首次蓄水到正常蓄水位附近，乌东德水电站完成蓄水至正常蓄水位 975m 验收；抽水蓄能高质量发展，核准在建项目规模再上新台阶；"沙戈荒"（沙漠、戈壁、荒漠）风光大基地项目建设初显成效，首批大基地项目建设基本完成，第二批、第三批大基地项目陆续核准并开工建设；全球最高海拔光伏电站、全球单体规模最大漂浮式光伏电站投产；陆上风电、海上风电均呈现基地化、集群化发展趋势；新型储能蓬勃发展。

多项核心技术实现突破

水电方面，中国首台 15 万 kW 大型冲击式转轮投产运行，构建了拥有自主知识产权的冲击式转轮研发设计制造体系。 风电技术装备方面，大兆瓦级海上风电整机自主研发设计能力显著提升，攻克了 16～18MW 海上风电机组的关键技术难题，18MW 海上风电机组成功下线。 新型高效太阳能电池量产化转换效率显著提升，异质结电池产业化平均转换效率较 2022 年提高 0.6 个百分点，达到 25.2%，继续保持领先；钙钛矿-晶硅叠层光伏电池创造了 33.9% 的光电转化效率新纪录；"双塔一机"塔式光热发电技术和大开口槽式集热器技术可有效提升发电效率。 生物质发电供热技术水平不断提升，发电机组利用效率提高到 37% 左右，达到世界先进水平。 储能技术装备取得新进展，压缩空气储能电站迈入单机 300MW 时代。 氢储能技术向高能量密度方向持续发展，电解槽大型化、高效化发展持续推进，火电掺氢（氨）实现大机组验证，管道输氢开展规模化远距离应用试验示范。 20MW 等级双工质地热能发电装备取得创新性成果，深部地热钻井和长距离水平钻井技术取得突破。 随着可再生能源发电技术不断突破，其成本不断下降，市场竞争力日益增强。

可再生能源政策体系持续推进

法制化方面，《国土空间规划法》、《能源法》和《可再生能源法》（修改）列入十四届全国人大常委会立法规划第一类立法项目。 市场化方面，通过《电力现货市场基本规则（试行）》等文件，规范了可再生能源市场运营，并扩大了新能源市场化交易。 技术创新方面，发布了《关于推动能源电子产业发展的指导意见》（工信部联电子〔2022〕181 号），探索源网荷储一体化、多能互补的智慧能源系统等。 碳减排方面，积极推进温室气体自愿减排，发布了《温室气体自愿减排交易管理办法（试行）》和相关项目方法学。 绿证制度方面，发布了《关于做好可再生能源绿色电力证书全覆盖工作 促进可再生能源电力消费的通知》。 标准体系建设方面，推出了《碳达峰碳中和标准体系建设指南》，为风力发电、光伏发电等领域制定了标准。 此外，中国还针对光伏规范用地、光热发电规模化发展、风电场改造升级和退役管理等方面颁布了相关政策文件，以促进新能源行业的健康发展。

中国可再生能源产业成为全球清洁能源转型的重要推动力

中国在大力推动国内清洁能源发展的同时，也为全球贡献更多的中国技术、中国产品和中国方案，为全球清洁能源发展和能源转型做出更大贡献。 产业方面，中国可再生能源为世界 200 多个国家和地区的能源清洁转型提供了高质量的产品和服务，推动了全球成本的下降。 技术创新方面，中国在可再生能源领域的技术创新不断涌现，异质结电池、钙钛矿-晶硅叠层光伏电池转化效率不断刷新纪录；在储能技术、智能电网技术等方面也取得了突破性进展，为全球能源转型提供了技术支撑。 投资与合作方面，2023 年，中国能源转型投资额达 6760 亿美元，占全球能源转型投资总额的 38%，继续稳居全球能源转型投资额榜首。 这些投资不仅加速了中国的能源结构转型，也为全球范围内的清洁能源项目提供了重要的资金和技术支持，促进了全球向更可持续和环境友好型能源体系的转变。

2 资源

中国可再生能源资源丰富,有显著的优势和巨大的发展潜力。 从资源储量看,中国西南地区水力资源、"三北"(东北、华北、西北)地区和青藏高原的风能资源,以及西北部地区的太阳能资源优势明显。 全国剩余待开发水力资源仍有约 2.86 亿 kW,抽水蓄能资源规模 8.23 亿 kW,"三北"地区和青藏高原风电与太阳能资源丰富。 从 2023 年年景特点看,全国来水总体偏枯;风能资源与常年基本持平,西南大部及"三北"地区增幅明显;太阳能资源较常年偏小,但西南和华北等地较常年偏大。

2.1 水力资源

中国水力资源技术可开发量约为

6.87 亿 kW

水力资源技术可开发量 6.87 亿 kW、位居世界首位

根据水力资源复查成果,中国水力资源技术可开发量约为 6.87 亿 kW,年发电量约 3 万亿 kW·h,与 2022 年相比无变化。 分区域来看,西藏、四川、云南、重庆、贵州西南五省(自治区、直辖市)技术可开发量约 4.76 亿 kW,占中国技术可开发量的 69.3%;分流域来看,中国可开发水利资源主要集中在金沙江、长江上游、雅砻江、黄河上游、大渡河、南盘江-红水河、乌江和西南诸河等流域,总技术可开发量约 3.81 亿 kW,占中国技术可开发量的 55.5%。 中国水力资源技术可开发量及分布情况如图 2.1 所示。

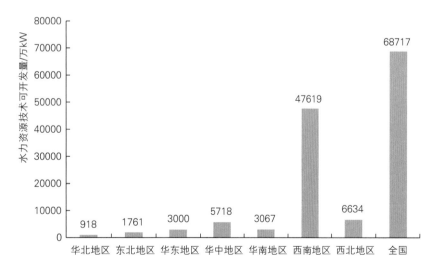

图 2.1　中国水力资源技术可开发量及分布情况

待开发水力资源主要集中在西南地区

截至 2023 年年底,中国待开发水力资源约 2.86 亿 kW,占技术可开发量的 41.4%。 其中,西南地区待开发水力资源约 2.38 亿 kW,占全国

的 83.2%，是水力资源开发的重点区域。 2023 年中国待开发水力资源区域占比情况如图 2.2 所示。

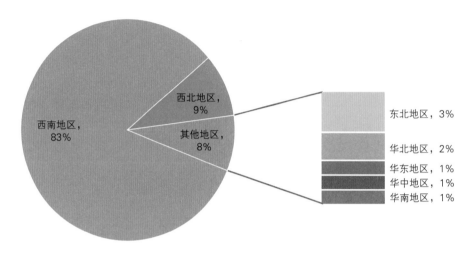

图 2.2　2023 年中国待开发水力资源区域占比情况

中国潜在可开发水力资源
1.1亿～1.2亿 kW

考虑水力资源开发的多方面制约因素，综合来看，中国潜在可开发水力资源 1.1 亿～1.2 亿 kW。

从行政分区来看，截至 2023 年年底，西南五省（自治区、直辖市）常规水电已建、在建总装机 2.38 亿 kW，占其技术可开发量的 50.0%，其中剩余的可开发水力资源主要集中在西藏、四川、云南。 西藏待开发水力资源约 1.66 亿 kW，约占其技术可开发量的 94.2%，未来水电发展潜力巨大； 四川、云南待开发水力资源分别约为 3600 万 kW、3300 万 kW，分别占其技术可开发量的 24.1%、28.4%，具有一定的开发潜力。2023 年西南五省（自治区、直辖市）水电开发情况见表 2.1。

表 2.1　2023 年西南五省（自治区、直辖市）水电开发情况表

序号	省（自治区、直辖市）	技术可开发量/万 kW	已建规模/万 kW	在建规模/万 kW	待开发规模/万 kW	待开发比例/%
1	西藏	17651	303	712	16636	94.2
2	四川	14823	9759	1489	3574	24.1
3	云南	11732	8143	260	3329	28.4
4	重庆	1066	796	48	222	20.8
5	贵州	2347	2287	0	60	2.6
	合　计	47619	21288	2510	23821	50.0

从流域分布来看，截至 2023 年年底，金沙江、长江上游、雅砻江、黄河上游、大渡河、南盘江-红水河、乌江和西南诸河等流域已建、在建水电总装机容量 2.12 亿 kW，占其技术可开发量的 55.6%。剩余待开发水力资源主要集中在西南诸河，约为 1.34 亿 kW，占其技术可开发量的 82.9%，发展潜力巨大。2023 年中国主要流域水电开发基本情况见表 2.2。

表 2.2　　　　　2023 年中国主要流域水电开发情况表

序号	河流名称	技术可开发量 /万 kW	已建规模 /万 kW	在建规模 /万 kW	待开发规模 /万 kW	待开发 比例/%
1	金沙江	8167	6032	861	1274	15.6
2	长江上游	3128	2522	0	606	19.4
3	雅砻江	2862	1920	372	570	19.9
4	黄河上游	2665	1548	340	777	29.2
5	大渡河	2496	1737	580	179	7.2
6	南盘江-红水河	1508	1368	0	140	9.3
7	乌江	1158	1110	48	0	—
8	西南诸河	16107	2288	460	13359	82.9
	合　计	38091	18524	2661	16906	44.4

主要流域来水总体较常年偏枯

与常年相比，2023 年中国主要流域来水除金沙江中游和黄河上游偏丰 1 成左右外，其他主要流域均出现不同程度的偏枯，其中乌江、南盘江-红水河偏枯 5～6 成，雅砻江、金沙江下游、大渡河和长江上游偏枯 1～2 成，澜沧江偏枯 3.50%。与 2022 年相比，南盘江-红水河来水偏少 5 成，雅砻江、金沙江下游、大渡河和乌江偏少 1～2 成，黄河上游偏多近 3 成，金沙江中游和澜沧江偏多 1 成左右，长江上游略偏多。

汛末流域梯级蓄水较为充足

2023 年蓄水期间，在梯级电站待蓄水量大、保供电要求高、来水持续偏枯的形势下，科学统筹发电和蓄水，动态优化调整蓄水调度安排，基本完成年度蓄水任务。至 10 月底，纳入流域水电综合监测范围的

459 座水电站，可调节水量达 1895 亿 m³，同比偏多 23%，总体蓄水率 78%，金沙江下游、大渡河、长江上游和黄河上游主要调节水电站基本已蓄满或已蓄至高水位。 其中，三峡水利枢纽自 2010 年首次蓄满以来第 13 次实现蓄至 175m 的目标，这是在 2022 年因流域性极端枯水影响未能蓄满后再度蓄满；龙羊峡水电站蓄至运行以来第四高水位，最大蓄水率 98%；雅砻江两河口水电站和澜沧江小湾水电站最大蓄水率分别为 92% 和 90%，接近蓄满，为冬春枯水期电力保供提供有效保障。

三峡水利枢纽首次将汛前消落水位提高至 150m，发电和蓄水效益明显

2023 年，三峡水利枢纽自 2012 年全部机组投产以来，首次将汛前消落水位提高至 150m，较设计防洪限制水位 145m 高 5m，汛期留存水量增加约 25.4 亿 m³，初步估算，增加发电效益约 42.6 亿 kW·h，提高蓄水率 13%，为应对可能发生的旱情和支持电网迎峰度夏做好了水资源储备。

2.2 抽水蓄能资源

截至 2023 年年底，中国已纳入规划和储备的抽水蓄能站点资源总量约

8.23 亿 kW/
50 亿 kW·h

综合考虑历次选点规划和中长期规划成果，截至 2023 年年底，中国已纳入规划和储备的抽水蓄能站点资源总量约 8.23 亿 kW/50 亿 kW·h，与 2022 年相比无变化。 其中，已建装机容量 5094 万 kW/4.1 亿 kW·h，核准在建装机容量 1.79 亿 kW，已建、核准在建总设计储能量约 15.5 亿 kW·h。

2023 年抽水蓄能中长期发展规划项目布局优化调整、中小型抽水蓄能选点规划等工作相继启动，抽水蓄能站点资源量随着工作的深入将滚动调整。 2023 年中国抽水蓄能站点资源分布统计如图 2.3 所示。

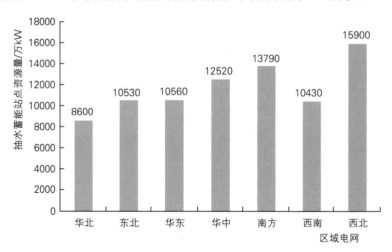

图 2.3　2023 年中国抽水蓄能站点资源分布统计

2.3
风能

中国陆上 100m 高度风能
资源技术可开发量为

34 亿 kW

中国风能资源技术可开发总量丰富

根据全国风能资源详查和评价成果，中国陆上 50m、70m 和 100m 高度风能资源技术可开发量分别为 20 亿 kW、26 亿 kW 和 34 亿 kW。 分布总体呈现"三北"地区和青藏高原风资源优于中东南部地区的特点。 从 70m 高度风能资源技术可开发量来看，内蒙古风能资源技术可开发量值最大，约为 15 亿 kW，占全国技术可开发量的 58%；其次是新疆、甘肃，分别为 4 亿 kW、2.4 亿 kW。

风能年景资源与常年基本持平

从年平均风功率密度来看，2023 年全国范围内 100m 高度年平均风功率密度在 101～359W/m² 之间，全国平均值为 228.9W/m²。 全国 100m 高度年平均风速约为 5.7m/s，与近 10 年平均值接近，属正常年景。 从空间分布来看，风能资源丰富地区主要为内蒙古中东部、东北大部、华北北部、华东北部、青藏高原大部、云贵高原的山脊地区、福建东部沿海等，年平均风功率密度超过 300W/m²。 从陆上年平均风速来看，全国陆上 100m 高度年平均风速约 4.1m/s，较近 10 年平均风速偏高 1.1%，较 2022 年偏高 0.8%。 2023 年中国主要省份陆上 100m 高度年平均风功率密度统计如图 2.4 所示。 2013—2023 年中国陆上 100m 高度年平均风速及距平百分率统计如图 2.5 所示。

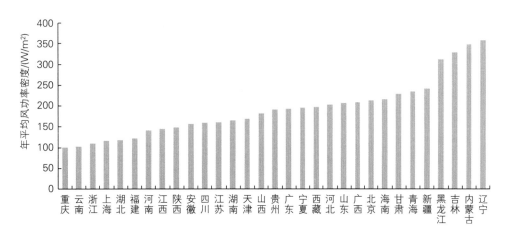

图 2.4　2023 年中国主要省份陆上 100m 高度年平均风功率密度统计

图 2.5　2013—2023 年中国陆上 100m 高度年平均风速及距平百分率统计

西南大部和"三北"地区较常年偏大、西藏和东南地区偏小

从各省（自治区、直辖市）陆上 100m 高度年平均风速距平变化来看，西南大部、东北、华北、西北地区 100m 高度处平均风速与近 10 年平均值相比有所增加，其中四川增幅明显；西藏和东南地区各省份 100m 高度处平均风速有所下降，其中西藏、福建、广东等省份降幅明显。2023 年中国主要省份陆上 100m 高度年平均风速距平百分率统计如图 2.6 所示。

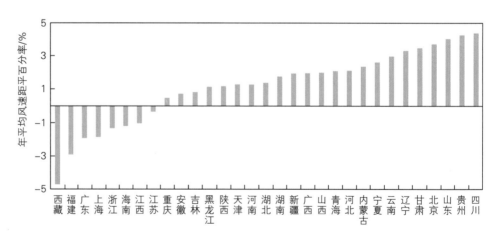

图 2.6　2023 年中国主要省份陆上 100m 高度年平均风速距平百分率统计

冬春季增幅明显、夏秋季有所下降

分月来看，2023 年春季和冬季风速较大，夏季和秋季风速较小，年内风速分布的季节间不均衡程度增大。 中国陆上 100m 高度月平均风速在 4 月达到最大，为 5.0m/s。 1 月、5 月、11 月和 12 月的月平均风速较大，8 月、9 月和 10 月的月平均风速较小。 1 月、4 月和 7 月较多年月平均风速偏高 9%～10%，8—10 月较多年月平均风速偏低 3%～10%。 2023 年中国陆上 100m 高度月平均风速及距平百分率统计如图 2.7 所示。

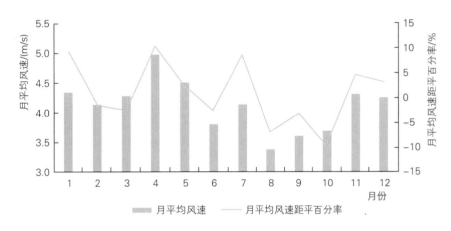

图 2.7　2023 年中国陆上 100m 高度月平均风速及距平百分率统计

2.4 太阳能发电

中国光伏资源技术
可开发量约

460 亿 kW

其中集中式光伏资源技术
可开发量约

420 亿 kW

分布式光伏资源技术
可开发量约

40 亿 kW

中国太阳能资源技术可开发量巨大

根据太阳能资源评估研究成果，中国光伏资源技术可开发量约 460 亿 kW，其中集中式光伏资源技术可开发量约 420 亿 kW，分布式光伏资源技术可开发量约 40 亿 kW。 中国太阳能资源呈现西部地区大于东中部地区的特点，新疆光伏资源技术可开发量值最大，约为 210 亿 kW，占全国技术可开发量的 46%。 内蒙古、青海、西藏、甘肃光伏资源技术可开发量均超过 10 亿 kW，分别为 95 亿 kW、40 亿 kW、30 亿 kW 和 27 亿 kW。

太阳能年景资源较常年偏小

从年水平面总辐照量来看，2023 年全国范围内年水平面总辐照量在 1166～2087kW · h/m² 之间，全国平均值为 1496.1kW · h/m²。 全国水平面总辐照量较近 10 年（2013—2022 年）平均值偏小 19.0kW · h/m²，减小幅度为 1.3%；较 2022 年偏小 67.3kW·h/m²，同比减小 4.3%，属偏小年景。 从空间分布来看，西藏大部、青海中北部、四川西部等地区太阳能资源最丰富，年水平面总辐照量超过 1750kW·h/m²；新疆大部、内蒙古大部、西北中部及东部、华北、华东、华南东部等地区太阳能资源很丰富，年水平面总辐照量超过 1400kW·h/m²。 2023 年中国主要省份陆地年平均水平面总辐照量统计如图 2.8 所示。 2013—2023 年中国陆地年平均水平面总辐照量及距平百分率统计如图 2.9 所示。

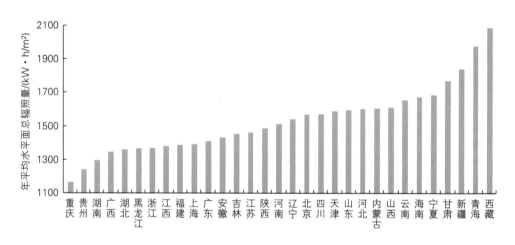

图 2.8　2023 年中国主要省份陆地年平均水平面总辐照量统计

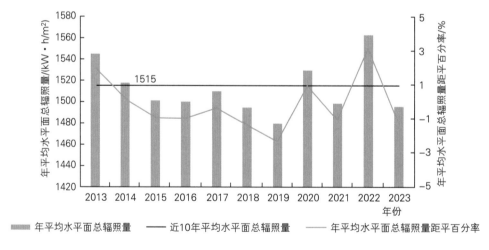

图 2.9　2013—2023 年中国陆地年平均水平面总辐照量及距平百分率统计

西南和华北地区较常年偏大、东部地区偏小

从各省（自治区、直辖市）平均年水平面总辐照量距平变化来看，西南、华北部分地区年水平面总辐照量与近 10 年平均值相比有所增加，

其中贵州、云南增幅明显；东南及西北部分地区年水平面总辐照量有所下降，其中上海、广东、宁夏降幅明显。 2023 年中国主要省份陆地年水平面总辐照量距平值统计如图 2.10 所示。

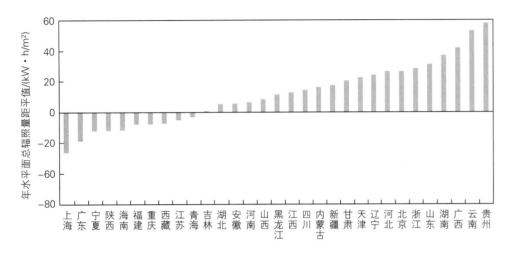

图 2.10　2023 年中国主要省份陆地年水平面总辐照量距平值统计

冬季和夏初太阳能资源增幅明显

中国陆地水平面辐照量夏季大、冬季小。 2023 年陆地月平均水平面辐照量于 6 月达到最大值（169.3kW · h/m²），12 月为最小值（76.9kW · h/m²），5—7 月水平面辐照量占全年 32.3%。 与各月多年平均辐照量对比可知，11 月、1 月和 6 月较多年月平均辐照量偏高 4%～10%，其余月份较多年平均值基本持平。 2023 年中国陆地月平均水平面总辐照量及距平百分率统计如图 2.11 所示。

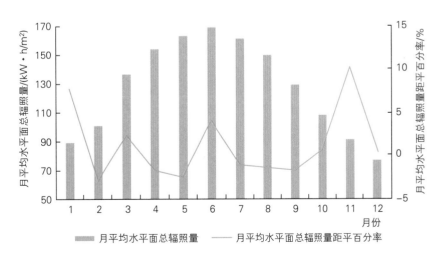

图 2.11　2023 年中国陆地月平均水平面总辐照量及距平百分率统计

2.5
生物质能

中国生物质理论资源总量约
44.4亿 t

生物质资源总量丰富

中国生物质理论资源总量约 44.4 亿 t，其中农业生物质 8.6 亿 t、林业生物质 14.8 亿 t、畜禽粪污 16.9 亿 t、生活垃圾 4.1 亿 t。 生物质资源占比估算如图 2.12 所示。

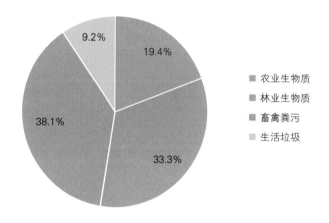

图 2.12　生物质资源占比估算

各类生物质资源分布与产业布局相关度高

各类生物质资源来源不同，整体分布存在差异。 农业生物质主要分布在农业大省，包括黑龙江、山东、安徽、河南等，资源总量均超过了 5000 万 t；林业生物质资源总量排在前列的主要包括云南、四川和广西等，均超过了 1 亿 t；畜禽粪污主要分布在畜牧大省，包括山东、河南、四川、内蒙古等，资源总量均超过了 9000 万 t；生活垃圾主要分布在人口大省，包括广东、山东、河南等，资源总量均超过了 3000 万 t。

未来生物质资源总量整体将保持平稳

在确保国家粮食安全战略背景下，防止土地"非农化"和耕地"非粮化"是中国长期坚持的基本方针，可以预见，中国农业秸秆的产生量在未来相当长的时间内将保持总量稳定；随着国家绿化造林工程、储备林工程实施，结合地区可利用林地资源潜力，内蒙古、四川、新疆、云南、青海、甘肃等省份可利用的灌木林资源将有一定增长；对于畜禽粪污，全国可利用资源量总体保持平衡；随着人口密度的增加，生活垃圾的资源密度将随之提升，但由于人口总量在短期内不会有太大波动，生活垃圾总量也基本保持平稳。

2.6
地热能

中国地热资源约占全球地热
资源量的

1/6

中国地热资源丰富，约占全球地热资源量的 1/6。 中深层地热资源年可开采量折合标准煤超过 18.7 亿 t，336 个主要城市浅层地热资源年可开采量折合标准煤约 7 亿 t；中国大陆埋深 3000～10000m 深度内干热岩型地热资源量折合标准煤约 856 万亿 t，开发利用前景广阔。 水热型地热资源主要分布在华北、松辽、苏北、江汉等平原和盆地，以及东南沿海、胶东和辽东半岛等山地丘陵地区。 浅层地热资源在全国广泛分布，华北平原和长江中下游平原地区最适宜浅层地热能开发利用。 中国地埋管地源热泵适宜区占总评价面积的 29%，较适宜区占 53%；地下水水源热泵适宜区占总评价面积的 11%，较适宜区占 27%。 干热岩地热资源主要分布于板块构造体边缘及火山活动区，中国干热岩资源潜力巨大，目前技术条件下，经济成本高，处于试验开发阶段。 中国 336 个主要城市浅层地热开发适宜分区情况如图 2.13 所示。

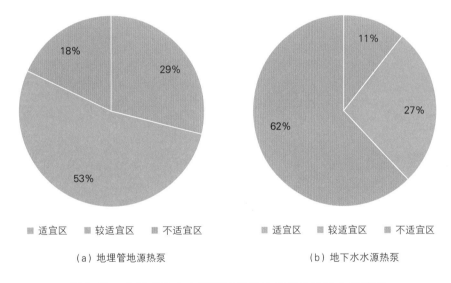

（a）地埋管地源热泵　　　　　　　　　　　（b）地下水水源热泵

图 2.13　中国 336 个主要城市浅层地热开发适宜分区情况

3 开发

2023 年，中国常规水电装机规模持续增长，在建及核准规模整体趋稳。 抽水蓄能投产规模和核准规模均保持高位，风电、太阳能发电新增装机快速增长，"沙戈荒"风电光伏基地建设有序推进，海上风电从近海向深远海开发的趋势明显，分布式光伏比重持续提升。

3.1
常规水电

截至 2023 年年底，中国常规水电已建装机容量
3.71 亿 kW

常规水电已建装机容量 3.71 亿 kW

截至 2023 年年底，中国常规水电已建装机容量 3.71 亿 kW，其中装机容量超过 500 万 kW 的省份共计 14 个，主要分布在西南、华中、华南、华东、西北区域。 水电装机容量排前 3 位的省份是四川（9759 万 kW）、云南（8143 万 kW）、湖北（3666 万 kW），三省合计占全国水电装机容量的 58.2%，排名分列第 4～10 位的省份是贵州、广西、湖南、青海、福建、新疆和甘肃，排名前 10 位的省份合计 3.17 亿 kW，占全国水电装机容量的 85.6%。 2023 年中国主要省份常规水电装机容量统计如图 3.1 所示。

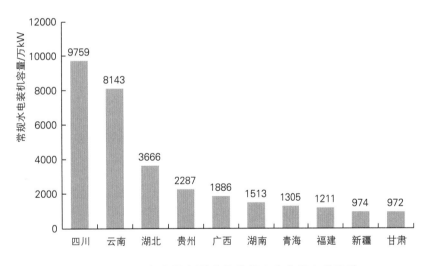

图 3.1 2023 年中国主要省份常规水电装机容量统计

常规水电新增发电装机容量 243 万 kW

2023 年中国常规水电新增发电装机容量
243 万 kW

2023 年中国常规水电新增发电装机容量 243 万 kW，新增投产装机主要分布在广西、青海、湖南等。 其中，新增投产大型水电站（机组）150 万 kW，包括南盘江-红水河大藤峡水利枢纽（3×20 万 kW）、黄河上游李家峡水电站扩机（1×40 万 kW）、沅水五强溪水电站扩机（2×25 万 kW）。

大型常规水电站在建装机容量约

3064 万 kW

其中新增核准约

415 万 kW

大型常规水电站在建装机容量约 3064 万 kW，其中新增核准约 415 万 kW

截至 2023 年年底，中国在建大型常规水电站合计装机容量（按在建机组统计）约 3064 万 kW，同比增长 9.5%，主要分布在金沙江、黄河上游、雅砻江、大渡河、西南诸河及西北诸河等流域。2023 年中国在建大型常规水电站基本情况见表 3.1。

表 3.1　2023 年中国在建大型常规水电站基本情况

单位：万 kW

流　域	项目名称	在建装机容量
金沙江	叶巴滩、拉哇、巴塘、银江、旭龙、昌波	861
黄河上游	玛尔挡、羊曲	352
雅砻江	孟底沟、卡拉、牙根一级	372
大渡河	巴拉、双江口、金川、硬梁包、沙坪一级、枕头坝二级、绰斯甲、老鹰岩二级	620
其他河流	白马航电枢纽、扎拉、龙溪口航电枢纽、乔巴特、大石峡、精河一级、霍尔古吐、西南诸河水电站等	859
合　计		3064

2023 年核准大型常规水电装机容量约 415 万 kW，年发电量约 186 亿 kW·h，包括金沙江昌波水电站（82.6 万 kW）、雅砻江牙根一级水电站（30 万 kW）、大渡河老鹰岩二级水电站（42 万 kW）、西南诸河某水电站（260 万 kW）。

重大水电工程积极稳妥推进

2023 年，西南诸河某控制性水库工程获得核准，进场交通道路等筹建工程已开工，进一步完善了该流域水电开发布局。开展金沙江上游水电规划实施方案调整论证工作，旭龙水电站完成工程截流，持续推动龙盘、奔子栏、茨哈峡等重点水电工程可行性研究阶段相关专题研究工作。

常规水电年度核准项目单位造价相对偏高

2023 年核准常规水电站工程项目平均单位千瓦总投资为 20344 元，较 2022 年平均水平上涨较多，主要原因是某控制性工程项目库容及枢纽建筑物规模较大，且位于流域上游高海拔地区，总体开发建设难度较大，其余 3 个项目规模相对较小。未来常规水电工程开发建设将进一步向流域上游高海拔地区推进，站址选择空间较小，建设条件、社会条件愈加复杂，对项目投资控制也将提出更高的要求。

3.2 抽水蓄能

截至 2023 年年底，抽水蓄能电站总装机规模达到

5094 万 kW/
4.1 亿 kW·h

投产规模突破 5000 万 kW

截至 2023 年年底，抽水蓄能电站总装机规模达到 5094 万 kW/4.1 亿 kW·h。华东区域电网抽水蓄能装机规模最大，达 1791 万 kW，华北和南方区域电网装机规模分别达 1147 万 kW、1028 万 kW，西北区域电网投产实现零的突破。2023 年中国已建投产抽水蓄能装机规模及分布情况如图 3.2 所示。

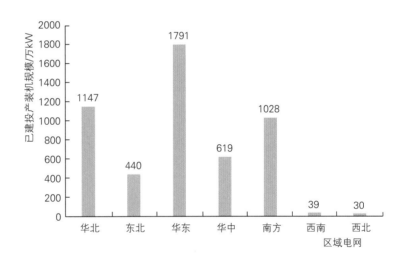

图 3.2 2023 年中国已建投产抽水蓄能装机规模及分布情况

新增投产规模 515 万 kW

2023 年中国抽水蓄能新增发电投产规模 515 万 kW/4000 万 kW·h，包括山东文登（6×30 万 kW）、河北丰宁（3×30 万 kW）、福建永泰（1×30 万 kW）、河南天池（3×30 万 kW）、福建厦门（1×35 万 kW）、新疆阜康（1×30 万 kW）、重庆蟠龙（1×30 万 kW）、辽宁清原（1×30 万 kW）抽水蓄能电站。

2023 年中国抽水蓄能新增发电投产规模

515 万 kW/
4000 万 kW·h

2023 年中国新增核准抽水蓄能电站总装机规模

6342.5 万 kW/
4.0 亿 kW·h

新增核准规模 6342.5 万 kW

2023 年中国新增核准抽水蓄能电站 49 座，核准总装机规模 6342.5 万 kW/4.0 亿 kW·h。此外，海南三亚羊林抽水蓄能电站（240 万 kW）于

2023 年 3 月完成备案。 2023 年西北、华东、南方电网核准总装机规模均超过 1000 万 kW。 2023 年中国抽水蓄能电站核准情况统计见表 3.2。

表 3.2　2023 年中国抽水蓄能电站核准情况统计表

区域电网	省份	装机容量 /万 kW	设计储能量 /(万 kW·h)	数量 /座
华北	山东	118	590	1
	山西	500	2880	4
	小计	618	3470	5
东北	吉林	120	720	1
	辽宁	590	3540	4
	小计	710	4260	5
华东	安徽	240	1560	2
	福建	425	2950	4
	江苏	120	600	1
	浙江	539.5	4209	6
	小计	1324.5	9319	13
华中	河南	120	720	1
	湖北	180	1080	1
	湖南	380	2420	3
	江西	120	840	1
	小计	800	5060	6
南方	广东	240	1560	2
	广西	720	4440	6
	贵州	150	900	1
	云南	140	840	1
	小计	1250	7740	10
西南	四川	210	1260	1
	小计	210	1260	1
西北	甘肃	330	1860	2
	陕西	540	2980	4
	新疆	560	3570	3
	小计	1430	8410	9
总　计		6342.5	39519	49

核准在建总规模 1.79 亿 kW

截至 2023 年年底，中国抽水蓄能电站核准在建总规模 1.79 亿 kW/11.3 亿 kW·h。其中，华中、华东、西北电网核准在建规模均超过 3000 万 kW。2023 年中国核准在建抽水蓄能装机规模分布情况如图 3.3 所示。

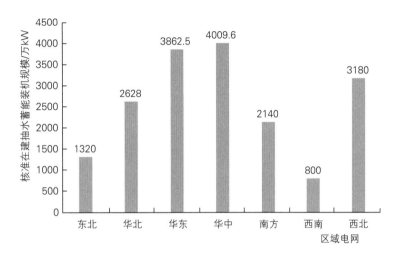

图 3.3　2023 年中国核准在建抽水蓄能装机规模分布情况

抽水蓄能电站单位造价水平总体稳定

2023 年中国核准抽水蓄能电站工程项目平均单位千瓦总投资为 7041 元，较 2022 年上涨 5.3%。但从装机规模分区间对比情况来看，主流规模区间电站（100 万～150 万 kW 区间，占核准项目总装机比例 74.9%）平均单位造价基本持平，其他规模区间个别电站受地理位置、建设条件影响单位造价较高，带动 2023 年平均单位造价略有上涨。长期来看，受站点开发难度逐步增加和物价波动等因素影响，单位造价水平预计将呈缓慢上涨趋势，总体造价水平可控。

3.3 风电

风电装机保持高速增长

截至 2023 年年底，中国风电累计装机容量达到 4.4 亿 kW，同比增长 20.8%；占全国全口径发电总装机容量的 15.1%，较 2022 年提升 0.9 个百分点；占全球风电总装机容量的 43%。新增装机容量 7566 万 kW，达历史新高，同比增长 101.6%。2013—2023 年中国风电装机容量及变化趋势如图 3.4 所示。

图 3.4　2013—2023 年中国风电装机容量及变化趋势

陆上风电仍是装机主体

截至 2023 年年底，中国陆上风电累计装机容量达到
4.04 亿 kW
占全国风电累计并网装机容量的
91.6%

截至 2023 年年底，中国陆上风电累计装机容量达到 4.04 亿 kW，占全国风电累计并网装机容量的 91.6%，全年新增装机容量 6933 万 kW，同比增长 77.2%。 分区域看，"三北"地区风电累计装机容量占全国风电总装机容量的 66%，内蒙古、新疆和河北风电累计并网装机容量均超过 3000 万 kW，其中内蒙古以 6961 万 kW 规模位列全国第 1 位，占全国风电装机容量的 15.8%。 以"沙戈荒"地区为重点的大型风电光伏基地建设持续推进，风电项目建成规模超过 3000 万 kW。 中国新增装机主要分布在"三北"和西南地区，其中内蒙古风电新增装机容量 2394 万 kW，占全国风电新增装机容量的 32%。 2023 年中国主要省份风电累计并网装机容量及变化统计如图 3.5 所示。

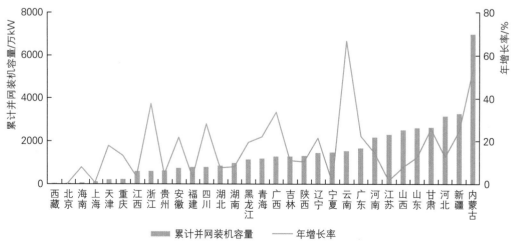

图 3.5　2023 年中国主要省份风电累计并网容量及变化统计

2023 年中国海上风电累计
并网规模达到

3728 万 kW

同比增长

20.5%

海上风电累计装机连续三年位居全球首位

2023 年中国海上风电累计并网规模达到 3728 万 kW，累计装机连续三年位居全球首位，同比增长 20.5%，海上风电累计装机规模约占沿海主要省份风电装机规模的 26.6%。 中国海上风电新增并网装机容量稳步回升，达到 634 万 kW，同比增长 25.5%，海上风电新增并网规模占沿海主要省份风电新增并网规模的 37.6%。 江苏和广东累计并网容量均超过 1000 万 kW，分别达到 1183 万 kW 和 1084 万 kW，新增项目集中于广东、山东和浙江，分别为 233 万 kW、201 万 kW 和 160 万 kW。 2023 年中国沿海主要省份海上风电装机容量及变化统计如图 3.6 所示。 2011—2023 年中国海上风电装机容量及变化趋势如图 3.7 所示。

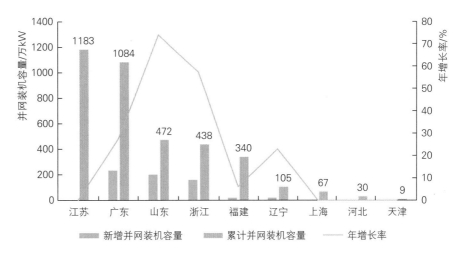

图 3.6　2023 年中国沿海主要省份海上风电装机容量及变化统计

图 3.7　2011—2023 年中国海上风电装机容量及变化趋势

风电项目单位造价进一步下降

2023 年中国陆上风电项目平均单位千瓦总投资约

4500 元

根据项目概算、招投标信息、结决算资料综合分析，2023 年中国陆上风电项目平均单位千瓦总投资约 4500 元，较 2022 年进一步下降，其主要得益于项目整体规模化开发和 5～7MW 大容量机型的广泛应用，以及充分的市场竞争。2023 年主机设备价格较 2022 年进一步下降，非技术成本占比总体上涨。"十四五"后期，随着风电行业竞争性配置等一系列政策调整，投资将趋于理性，同时机组主要部件及其上游材料制造行业相对成熟，成本下降趋势预计将逐步放缓。

2023 年中国海上风电项目平均单位千瓦总投资在

9500～14000 元

区间

2023 年中国海上风电项目平均单位千瓦总投资在 9500～14000 元区间，呈震荡下行趋势。海上风电项目施工难度大，船机成本高，建筑及安装工程部分占项目总体建设成本的 33%～40%，且受不同海域建设条件差异影响较大，因此不同项目单位造价差异较大，最高值较最低值增加近 50%。后续整机大型化趋势仍将持续，伴随工程建设能力的持续增强，预计"十四五"末期风电项目将实现全面平价。2011—2023 年中国陆上、海上风电项目单位千瓦总投资统计如图 3.8 所示。

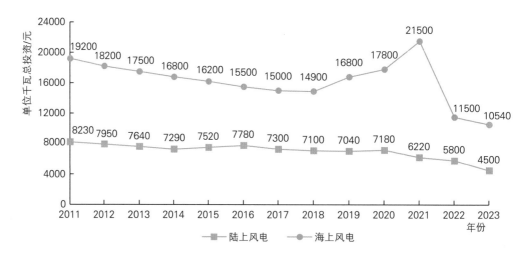

图 3.8 2011—2023 年中国陆上、海上风电项目单位千瓦总投资统计

3.4 太阳能发电

太阳能发电装机规模增长再创历史新高

截至 2023 年年底，中国太阳能发电累计装机容量

6.09 亿 kW

截至 2023 年年底，中国太阳能发电累计装机容量 6.09 亿 kW，同比增长 55.2%，占全国电源总装机容量的 20.9%，较 2022 年提高 5.6 个百分点，成为全国第二大电源。其中，主要为光伏发电装机，光热发电累计装机容量 57 万 kW。得益于光伏组件价格大幅下降、各类基地化

2023 年中国光伏发电新增
装机容量达到

2. 16 亿 kW

光伏项目开发建设有序铺开和分布式光伏发电建设稳步增长，2023 年
中国光伏发电新增装机容量达到 2. 16 亿 kW，再创历史新高，同比增
长 147.5%。 2013—2023 年中国光伏发电装机容量及变化趋势如图
3. 9 所示。 2023 年中国占全球光伏新增装机的 62.5%，占全球光伏累
计装机的 43.1%，光伏新增装机容量与累计装机容量分别连续 11 年和
9 年位居全球首位。

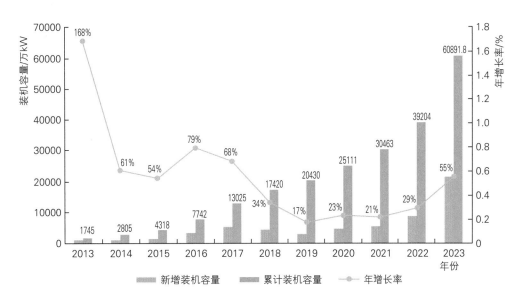

图 3.9　2013—2023 年中国光伏发电装机容量及变化趋势

截至 2023 年年底，中国光伏发电累计装机规模排名前 5 位的省份为
山东（5693 万 kW）、河北（5416 万 kW）、江苏（3928 万 kW）、河南
（3731 万 kW）、浙江（3357 万 kW）。 总体分布来看，集中式光伏电站
开发建设以西部地区为主，分布式光伏电站开发建设以东中部地区为
主，山东连续三年蝉联累计装机规模全国首位。 2023 年中国主要地区
光伏发电累计并网装机容量统计如图 3. 10 所示。

集中式光伏电站增速显著

截至 2023 年年底，集中式
光伏电站累计装机容量

3. 56 亿 kW

截至 2023 年年底，集中式光伏电站累计装机容量 3. 56 亿 kW，同比
增长 51.7%，全年新增装机容量 1.2 亿 kW，同比增长 230.7%。 分区域
看，2023 年集中式光伏电站累计装机规模排名前 5 位的省份为河北
（3024 万 kW）、新疆（2878 万 kW）、青海（2521 万 kW）、甘肃（2415
万 kW）、内蒙古（2117 万 kW）。 集中式光伏电站新增装机规模排名前 5
位的省份分别为云南（1441 万 kW）、新疆（1429 万 kW）、甘肃（1104 万
kW）、河北（1030 万 kW）、湖北（773 万 kW）。 2023 年，中国近海区域

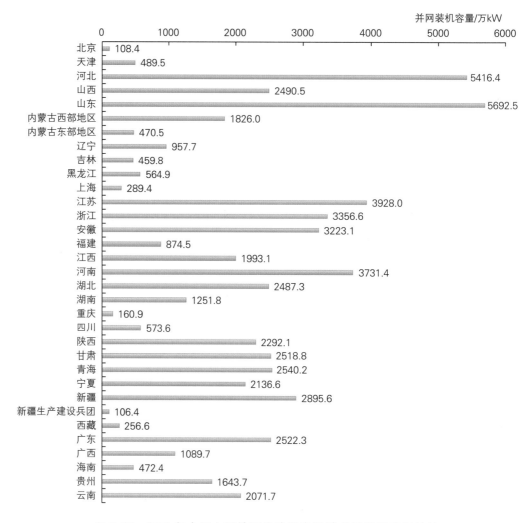

图 3.10　2023 年中国主要地区光伏发电累计并网装机容量统计

内已建成并网的海上光伏项目装机规模超过 200 万 kW。 2023 年中国集中式光伏新增并网装机容量排名前 10 位省份的装机情况如图 3.11 所示。

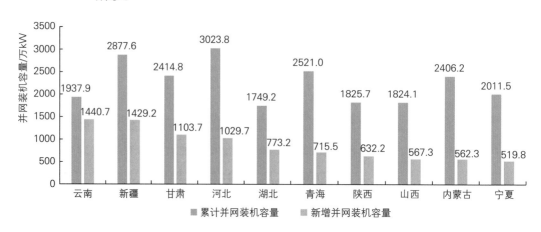

图 3.11　2023 年中国集中式光伏新增并网装机容量排名前 10 位省份的装机情况

分布式光伏发电保持快速增长

分布式光伏发电累计装机容量 2.5 亿 kW，同比增长 60.8%。 分布式光伏发电新增装机容量 9628.6 万 kW，同比增长 88.3%。 2023 年分布式发电光伏继续保持快速发展势头。 随着产业技术持续迭代和多元融合的分布式开发模式不断出现，分布式光伏已经成为光伏领域的重要力量，在全国光伏发电并网装机容量中占比达到 41.6%。 分区域看，分布式光伏开发建设以东中部地区为主，2023 年累计装机规模排名前 5 位的省份为山东（4099 万 kW）、河南（2965 万 kW）、江苏（2772 万 kW）、浙江（2690 万 kW）、河北（2393 万 kW）。 河南、江苏、山东新增装机规模均超过 1000 万 kW，位居全国前 3 位。 2023 年中国分布式光伏新增并网装机容量排名前 10 位省份的装机情况如图 3.12 所示。

分布式光伏发电累计装机容量

2.5 亿 kW

同比增长

60.8%

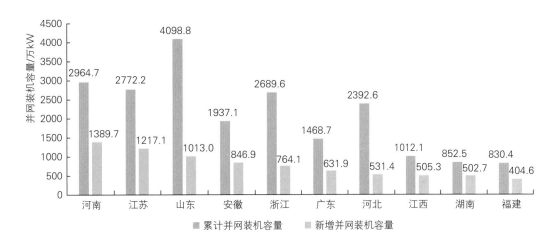

图 3.12 2023 年中国分布式光伏新增并网装机容量排名前 10 位省份的装机情况

光热发电迎来规模化发展新契机

截至 2023 年年底，中国光热发电并网总装机规模 57 万 kW，项目分布在青海（21 万 kW）、甘肃（21 万 kW）、内蒙古（10 万 kW）和新疆（5 万 kW）四个省（自治区）。 目前，光热发电技术基本成熟，作为调节、支撑电源的定位逐步明确，与风光电联营的开发模式逐渐清晰，随着国家启动光热发电规模化发展相关工作，光热发电在资源富集地区快速推进。 2023 年中国在建、待建光热项目装机规模及分布情况如图 3.13 所示，第一批大基地配套约 100 万 kW 光热正加快建设，另有甘肃、青海、新疆、西藏共启动"光热发电+风电光伏"一体化项目约 385 万 kW。

截至 2023 年年底，中国光热发电并网总装机规模

57 万 kW

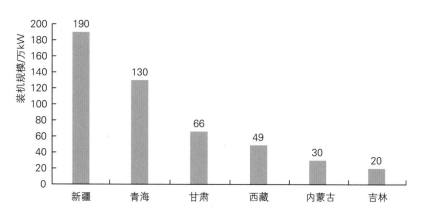

图 3.13　2023 年中国在建、待建光热项目装机规模及分布情况

集中式光伏电站项目单位造价持续下降

2023 年集中式光伏电站项目平均单位千瓦总投资约为

3900 元

较 2022 年降低约

8.0%

根据项目概算、招投标信息、结决算资料综合分析，2023 年集中式光伏电站项目平均单位千瓦总投资约为 3900 元，较 2022 年降低约 8.0%。设备招采与建筑及安装工程部分市场竞争日益激烈，光伏组件价格加速下降，至 2023 年年底已降至不足 1 元/W 水平；非技术成本占比总体上涨。光伏项目投资主要集中于设备及安装工程，占比超过 70%。2011—2023 年集中式光伏电站单位千瓦总投资变化趋势如图 3.14 所示。

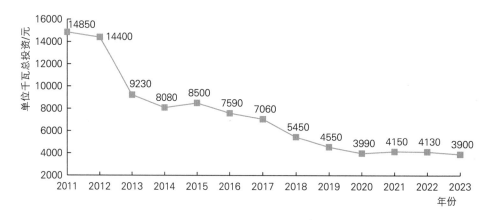

图 3.14　2011—2023 年集中式光伏电站单位千瓦总投资变化趋势

光热发电项目单位造价较早期项目明显下降

2023 年无新增投产光热发电项目。处于前期设计阶段项目单位千瓦总投资介于 13500～23000 元，平均为 18500 元，较早期建设项目的单位千瓦总投资（24000～35000 元）明显下降，这一方面是由于光热电站

在电力系统中的功能调整为配套新能源电站吸纳弃电，聚光系统规模明显减小；另一方面则是因为主要设备已完全实现国产化，设备价格明显下降。不同类型光热项目投资指标差异显著，相同建设条件下，同等规模熔盐塔式和线性菲涅尔式投资指标明显低于导热油槽式。

3.5 生物质能

2023 年，中国生物质能总开发利用量约
8038 万 t
标准煤

发电是生物质能开发利用的主要方式

2023 年，中国生物质能总开发利用量约 8038 万 t 标准煤，同比增长 27.5%。其中，发电利用折合标准煤约 5940 万 t，占生物质总开发利用量的 73.9%；固体燃料利用折合标准煤约 1300 万 t，占 16.2%；液体燃料利用折合标准煤约 752 万 t，占 9.4%；气体燃料（生物天然气）折合标准煤约 46 万 t，占 0.6%。2023 年中国生物质能已开发利用量构成如图 3.15 所示。

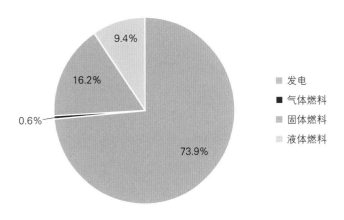

图 3.15 2023 年中国生物质能已开发利用量构成图

生物质发电装机规模持续增长

截至 2023 年年底，中国生物质发电累计并网装机容量达到 **4414** 万 kW

截至 2023 年年底，中国生物质发电累计并网装机容量达到 4414 万 kW，同比增长 6.8%，增速较 2022 年下降 2 个百分点。2023 年，生物质发电新增装机规模 282 万 kW。其中，农林生物质发电新增装机规模 65 万 kW，占比 23%，主要集中在黑龙江、山东、吉林；生活垃圾焚烧发电新增装机规模 191 万 kW，占比 68%，主要集中在河北、湖北、江苏、河南、上海、吉林、安徽；沼气发电新增装机规模 26 万 kW，占比 9%，主要集中在广东、山东、河北。2019—2023 年中国生物质发电并网装机容量及变化趋势如图 3.16 所示。

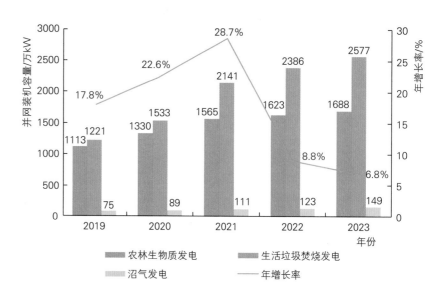

图 3.16 2019—2023 年中国生物质发电并网装机容量及变化趋势

生物质能非电利用规模稳步增长

2023 年,生物质能非电利用规模 2098 万 t 标准煤,同比增长 24.4%。其中,生物天然气年产气规模约 4.2 亿 m³,同比增长 68.0%;生物质固体成型燃料年产量约 2600 万 t,同比增长 8.3%;燃料乙醇年产量约 370 万 t,同比增长 15.6%;生物柴油年产量约 280 万 t,同比增长 51.4%。2019—2023 年中国生物质能非电利用变化趋势如图 3.17 所示。

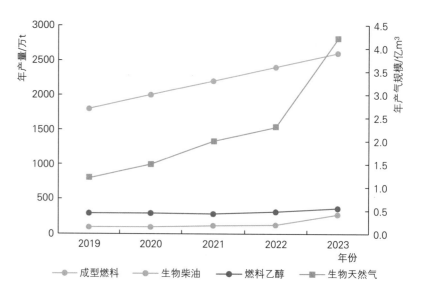

图 3.17 2019—2023 年中国生物质能非电利用变化趋势

生物质发电项目单位造价趋于平稳

生物质发电项目建设步入稳定发展期，单位造价趋于平稳。 垃圾焚烧发电项目单位千瓦总投资主要集中在 20000～27000 元区间内，其中垃圾焚烧和发电系统投资占比较大，接近 50％；农林生物质发电项目装机规模相对较小，单位千瓦总投资主要集中在 8000～10000 元区间内，其中热力系统、场地征用、电气系统、燃料供给系统投资占比超过 65％。

3.6
新型储能

————

截至 2023 年年底，中国已建成投运新型储能项目累计装机规模达

3139 万 kW/
6687 万 kW·h

新型储能累计装机规模超 3000 万 kW

截至 2023 年年底，中国已建成投运新型储能项目累计装机规模达 3139 万 kW/6687 万 kW·h，近 10 倍于"十三五"末装机规模。 2023 年新增装机规模约 2260 万 kW/4870 万 kW·h，功率规模同比增长 261％，能量规模同比增长 268％。

分区域看，华北、西北地区新型储能发展较快，累计装机占比超过全国总装机的 50％。 累计装机规模排名前 5 位的省份分别是山东、内蒙古、新疆、甘肃、湖南，装机规模均超过 200 万 kW；宁夏、贵州、广东、湖北、安徽、广西 6 省（自治区）装机规模均超过 100 万 kW。 2014—2023 年中国新型储能装机规模变化情况如图 3.18 所示。

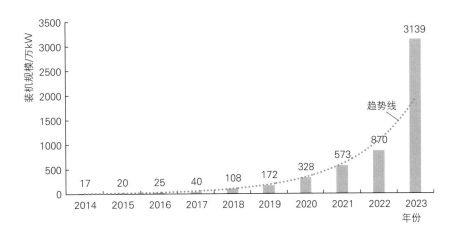

图 3.18 2014—2023 年中国新型储能装机规模变化情况

新型储能开发模式不断丰富

目前新型储能的应用场景主要包括新能源配建储能、独立和共享储能、工商业用户储能等。 截至 2023 年年底，中国新能源配建储能装机

规模 1236 万 kW，主要分布在内蒙古、新疆、甘肃等新能源发展较快的省份。 独立储能、共享储能装机规模 1539 万 kW，占比呈上升趋势，主要分布在山东、湖南、宁夏等系统调节需求较大的省份。 工商业用户储能市场热度持续升高，广东、浙江等省发展迅速。 新型储能在多种应用场景中发挥功效，有力支撑新型电力系统构建。

新型储能仍以锂离子电池为主导

截至 2023 年年底，中国已建成投运新型储能项目累计装机规模 3139 万 kW/6687 万 kW·h，其中锂离子电池储能占比 97.4%，铅炭电池储能占比 0.5%，压缩空气储能占比 0.5%，液流电池储能占比 0.4%，其他新型储能技术占比 1.2%。 2023 年中国各类型新型储能技术装机规模占比如图 3.19 所示。

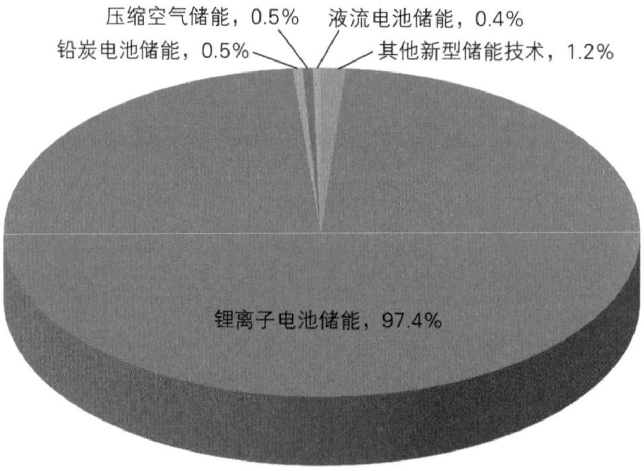

截至 2023 年年底，中国已建成投运新型储能项目累计装机规模

3139 万 kW/
6687 万 kW·h

图 3.19　2023 年中国各类型新型储能装机规模占比

新型储能造价逐步降低但全寿命周期成本仍较高

电化学储能近年来造价逐步降低，根据相关研究成果，平准化度电成本约 0.440 元/（kW·h），补充调相机后的平准化度电成本约 0.563 元/（kW·h）。 其中，锂离子电池循环寿命为 6000～10000 次，一般运行寿命 8～10 年。 此外，根据中国电力企业联合会统计，2023 年电化学储能电站单位能量非计划停运次数 2227 次/100MW·h，平均利用率指数 27%，实际调用率整体偏低。 压缩空气储能进入示范推广阶段，单位造价水平呈现下降趋势，但系统效率仍有待进一步提高。

3.7
地热能

地热能规模化开发格局初步形成

中国地热能开发利用方式以供暖（制冷）为主，温泉理疗、农业养殖次之，少量为地热能发电项目。 随着社会经济水平的不断提升，夏热冬冷地区对供暖（制冷）的需求越来越高，浅层地热能供暖（制冷）项目在华北以及长江中下游地区呈现规模化开发趋势；依托北方地区冬季清洁取暖和可再生能供暖规模化开发的政策，中深层地热能供暖项目在河北、河南、山东、天津、陕西、山西等地区开发规模持续扩大；根据2023年世界地热大会发布数据，地热温室种植养殖、温泉康养持续稳定发展，地热农业、温泉年利用能力分别达到110.8万kW、666.5万kW。

地热开发力度逐步增强

山西、四川、甘肃、西藏等相继出台相关规划和实施方案，为地热发展创造了良好的政策环境，支持地热项目发展。 甘肃兰州七里河区地热供暖计划总投资12.8亿元，总供暖建筑面积71.34万㎡，是兰州市的重要民生工程之一；西藏那曲镇地热田城市供暖项目正式投入使用，一期可解决80万㎡供暖需求，二期新增供暖面积120万㎡以上。

3.8
氢能

2023年，中国氢气总产量初步估算为
4291 万t

可再生能源制氢发展步伐加快

中国的氢气生产量和需求量居世界首位，并呈逐年上升的态势，氢气来源以灰氢、蓝氢为主，但绿氢规模快速增长。 由于风光资源及煤化工等消纳优势，"三北"地区成为中国可再生能源制氢产能主要聚集地。2023年，中国氢气总产量初步估算为4291万t。 可再生能源制氢项目建成总产能达7.8万t/年，同比增长约123%，覆盖21个省（自治区、直辖市），排名前3位的宁夏、新疆、内蒙古分别为2.21万t/年、2.10万t/年、1.94万t/年，约占全国建成运营产能的80.1%。 中国可再生能源制氢在建项目产能约80万t/年，已备案项目产能600万t/年以上，可再生能源制氢发展势头迅猛。 2019—2023年中国氢气产量及变化趋势如图3.20所示。

绿氢制备技术路线多元化发展

中国可再生能源制氢产业朝着商业化方向快速迈进，首次实现万吨级规模化工业供应场景。 中国规模最大的光伏发电直接制取绿氢示范

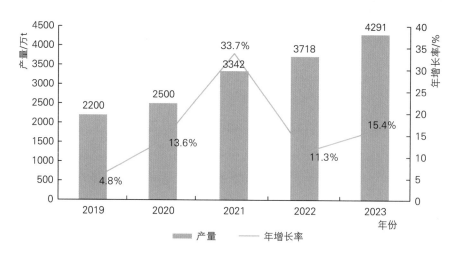

图 3.20　2019—2023 年中国氢气产量及变化趋势

项目在新疆库车全面建成投产，完成万吨级绿氢炼化项目全产业链贯通。中国首个生物制氢及发电一体化项目在黑龙江哈尔滨启动试运行，以高效厌氧产氢菌种发酵制氢，从源头控制二氧化碳排放。全球首次海上风电无淡化海水原位直接电解制氢技术海上中试在福建兴化湾风电场获得成功，验证了该技术在真实海洋环境下的可行性、实用性。

绿氢主要衍生产品绿氨绿醇规模化发展起步

甲醇（氨）具备常温常压（加压）储运的优势，可以作为氢能的稳态载体，大幅降低储运成本，绿氢转化为绿氨、绿甲醇可有效拓展应用场景。2023 年，中国在建的绿醇项目产能约 60 万 t/年，生物质制甲醇 30 万 t/年，项目位于江苏大丰港；绿氢耦合生物质制甲醇项目合计约 30 万 t/年，主要分布在吉林松原市、洮南市和内蒙古多伦县，最大单体规模达到 25 万 t/年，标志着绿氢耦合生物质制甲醇路线进入产业化落地阶段。在建的绿氨项目产能约 80 万 t/年，主要分布在吉林、内蒙古和甘肃。

绿氢生产成本降幅明显

在风电、光伏及电解槽设备成本下降的驱动下，新能源电解水制氢成本降幅明显。2023 年，中国 5MW 级（1000Nm³/h）碱性电解槽中标平均价格约 1510 元/kW，同比下降约 16%；兆瓦级 PEM 电解槽中标均价约 8900 元/kW，同比下降约 11%。电解水制氢的成本中电费占比为 70%～80%，根据 2023 年新能源发电成本下降情况测算，新能源电解水制取成本 15～25 元/kg，同比下降约 20%，与灰氢成本 7～13 元/kg、蓝氢成本

10～18 元/kg 相比，差距逐步缩小，但还有较大的降本空间。

3.9
海洋能

海洋能利用技术取得突破

2023 年中国海洋能行业整体实现了从理论研究和小型试验向大型化工程样机示范的突破。 中国自主研发的世界首台兆瓦级漂浮振荡体式波浪能发电装置"南鲲"号，在广东珠海投入试运行，标志着中国兆瓦级波浪能发电技术正式进入工程应用阶段。 中国首台超 100kW 振荡水柱式波浪发电装备"华清号"开工建造，创造了振荡水柱式发电样机大型化纪录。 20kW 海洋漂浮式温差能发电装置在南海成功完成海试，标志着中国海洋温差能技术实现从小批量陆地测试向大容量海上应用的跨越。

4 建设

可再生能源项目建设保持良好发展势头。 双江口、叶巴滩、玛尔挡等常规水电站建设持续推进，抽水蓄能电站建设总规模再上新台阶。 太阳能、风电项目建设持续较快增长，第一批大基地建设基本完成；陆上风电、集中式光伏项目呈现大基地化趋势，光伏治沙、盐光互补等工程取得成效；海上风电建设呈现集群化趋势。 生物质能新建和投产项目建设规模趋于稳定。 新型储能投产规模仍以电化学储能为主，压缩空气储能开始从示范化向商业化过渡。

4.1 常规水电

4.1.1 建设总体情况

随着 2022 年白鹤滩、两河口等水电站全部机组投产发电，全国大型水电站投产规模有所下降。 截至 2023 年年底，中国在建大型水电站共计 29 个，合计装机容量 3064 万 kW。

4.1.2 开发建设主体

央企是大型水电工程开发建设的主力军。 其中，国家能源投资集团有限责任公司在建项目 9 个，总装机容量 952 万 kW；中国华电集团有限公司在建项目 4 个，总装机容量 582 万 kW；中国华能集团有限公司在建项目 4 个，总装机容量 572 万 kW；国家开发投资集团有限公司在建项目 3 个，总装机容量 372 万 kW。 以上 4 家企业在建大型水电项目装机容量占全国总量的 81%。 2023 年中国在建大型水电工程投资主体装机容量占比如图 4.1 所示。

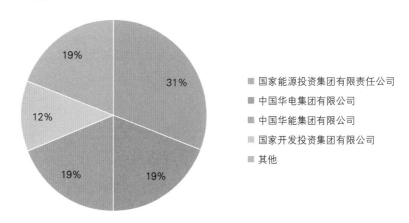

图 4.1 2023 年中国在建大型水电工程投资主体装机容量占比

4.1.3 工程特点概述

在建大型水电项目高坝建设主要集中在高寒高海拔地区，对筑坝施工技术发展提出了挑战。 在建大型水电项目中，最大坝高 70m 以上的高坝占大坝总数的 62%，坝高 200m 及以上的特高坝占大坝总数的 27.6%，其中土石坝 6 座（拉哇、双江口、玛尔挡、乔巴特、大石峡等）、混凝土拱坝 2 座（叶巴滩、旭龙），大部分处于高原地区，面临高寒、高海拔、高地震烈度的复杂建设环境，水电工程建设面临着愈加复杂和具有挑战性的技术难题。 2023 年中国在建大型水电工程各类型大坝数量及坝高分布如图 4.2 所示。

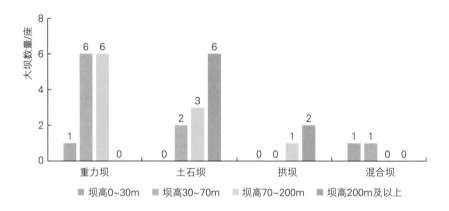

图 4.2　2023 年中国在建大型水电工程各类型大坝数量及坝高分布

复杂地质条件下洞室群开挖支护技术是工程建设安全重要保障。西部高山峡谷地形特征决定了在建大型水电站绝大多数都采用地下洞室群形式，且往往具有结构复杂、大跨度、高边墙、多地质单元、高挖空率、高地应力、多支护型式等不同特点，施工过程中需要应对变形较大、内部开裂，甚至塌方、岩爆等围岩稳定性问题，复杂地质条件下大型地下洞室稳定性是制约西部水电工程安全建设的关键科学技术问题。

水电站智能建设已成为发展趋势。 2023 年，物联网、大数据、云计算、人工智能、区块链等技术在水电工程建设中的应用场景进一步扩展，双江口水电站全面应用"5G＋智能化无人碾压技术"进行 300m 级心墙堆石坝填筑；叶巴滩水电站在特高拱坝施工各环节应用智能建造技术，借助信息化手段与技术，优化施工模式，实现大坝浇筑无间断、精准化、动态化实时监控，助力混凝土单日浇筑超 1300m³，施工效率提升 20%；硬梁包水电站施工过程中应用智能振冲技术，实现了振冲桩施工全过程的智能化、规范化、标准化、可视化以及施工质量的可评测、可调控，有效提高了现有振冲桩智能化施工管理水平。 随着工程技术不断创新，水电工程"少人化、机械化、智能化、标准化"的发展趋势愈加明显，全面实现水电站智能建设已成为发展趋势。

4.1.4　重大典型项目

多个重大水电工程建设完成重要节点目标。中国重大水电工程建设顺利推进，大渡河枕头坝二级、沙坪一级、雅砻江卡拉、金沙江上游旭龙等水电站完成截流，金沙江上游巴塘、黄河上游玛尔挡水电站进入蓄水阶段，雅砻江两河口水电站首次蓄水至正常蓄水位附近。2023年完成重要建设节点目标的典型水电工程见专栏1。

专栏1　2023年完成重要建设节点目标的典型水电工程

黄河流域在建海拔最高、装机最大水电项目

玛尔挡水电站位于青海省果洛藏族自治州黄河干流上，平均海拔3300m，电站水库正常蓄水位3275m，总库容16.22亿 m³，总装机容量232万 kW。2023年11月，工程建设进入蓄水阶段。

在建装机容量最大、坝高最高的水电项目

西南诸河某水电站导流洞工程于2023年5月正式开工建设。

西藏首个装机超百万千瓦水电项目

扎拉水电站位于玉曲河干流下游河段梯级开发方案的第6级。电站总装机容量101.5万 kW，安装2台全球单机容量最大的50万 kW冲击式水电机组。2023年12月，工程完成主河床截流。

金沙江上游装机容量最大的水电项目

叶巴滩水电站位于四川白玉县与西藏贡觉县交界的金沙江上游干流上，为金沙江上游13个梯级电站中的第7级，装机容量224万 kW。2023年12月，工程大坝浇筑突破100m。

4.1.5　工程质量状况

中国大中型水电工程建设质量水平总体稳步提升。部分重点工程以建设精品工程、百年工程为目标积极推进工程质量管理标准化。白鹤滩水电站获得菲迪克工程项目奖最高奖项"卓越工程项目奖"和中国工程院院刊《工程》评选的"2023全球十大工程成就"；丰满水电站全面治理（重建）工程、黄登水电站、大古水电站获评2022—2023年度国家优质工程金奖。

大型水电项目建设过程中质量安全风险依旧存在，个别运行期中小型水电站除险加固需引起行业内关注。目前在建大型水电项目较多属于高坝大库工程、单机容量较大，部分项目还具有高陡边坡、高地震烈度、大泄量、大型洞室群、多地质灾害的建设特点，面临的复杂地质条件、复杂运行条件、超高水头、严寒高海拔等环境因素依旧恶劣,建设过程中的质量安全风险依旧存在。 近年来,通过科学有效的除险加固措施解决了个别运行期中小型水电站土石坝坝体塌陷、渗透变形等质量问题,消除了大坝运行风险隐患,但相关问题仍需引起行业内关注。

4.2 抽水蓄能

4.2.1 建设总体情况

抽水蓄能电站建设规模再上新台阶。 自《抽水蓄能中长期发展规划（2021—2035 年）》发布实施以来,抽水蓄能电站建设成效显著,全国建设项目数量再创新高。 2023 年,在电力质监机构注册的在建抽水蓄能电站共 63 个,装机容量共 8512 万 kW。 在建项目主要分布在华东、华中区域,分别有 23 个、12 个项目,装机容量分别为 3083 万 kW、1539 万 kW。 2023 年抽水蓄能机组项目装机容量及分布情况如图 4.3 所示。

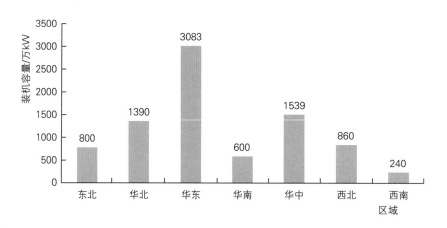

图 4.3 2023 年抽水蓄能机组项目装机容量及分布情况

4.2.2 开发建设主体

抽水蓄能电站开发建设主体趋向多元化。 2023 年抽水蓄能电站开发建设仍以两大电网为主,其他央企、国企占比逐渐增大,民营企业逐渐参与,开发建设主体向多元化发展。 其中,国家电网有限公司、中国南方电网有限责任公司占比 76%,中国三峡集团有限公司、中国电力建设集团有限公司、中国能源建设股份有限公司等央企和福建闽投资产管理有限公司、豫能电力集团有限公司、广东能源集团有限公司等地方国企占比 21%;华源电力有限公司等民营企业占比 3%。 2023 年中国抽水蓄能电站投资主体占比如图 4.4 所示。

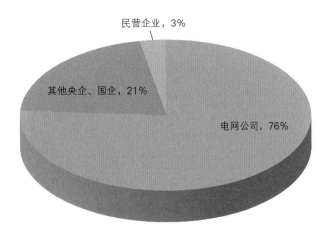

图 4.4　2023 年中国抽水蓄能电站投资主体占比

4.2.3　工程特点概述

抽水蓄能项目分布仍以经济发达的东部地区为主。 2023 年中国在建项目多集中在华东、华中区域，分别有 23 个、12 个项目；逐步向中西部地区发展，华北、东北和西北区域紧随其后，分别有 9 个、6 个、6 个项目。 2023 年中国在建抽水蓄能电站数量及分布情况如图 4.5 所示。

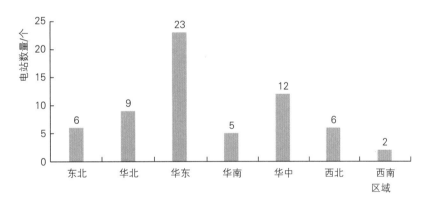

图 4.5　2023 年中国在建抽水蓄能电站数量分布情况

抽水蓄能电站水库大坝以面板堆石坝为主，100m 级高坝占比逐渐增加。 抽水蓄能电站上下水库大坝以堆石坝为主，混凝土重力坝占比较少。 在建抽水蓄能电站中，坝高 70m 以下的水库 46 座，坝高 70～100m 的水库 73 座，坝高 100m 以上的水库 31 座。 2023 年中国在建项目上下水库大坝坝型与坝高占比如图 4.6 所示。

输水系统立面长斜井布置方案应用增加。 输水发电系统总长度多在 1500～3500m 之间，少量项目在 3500～4500m，个别达 5000m；距高比 4～7，个别项目最小可达 2.6。 输水系统立面上一般采用分级斜（竖）

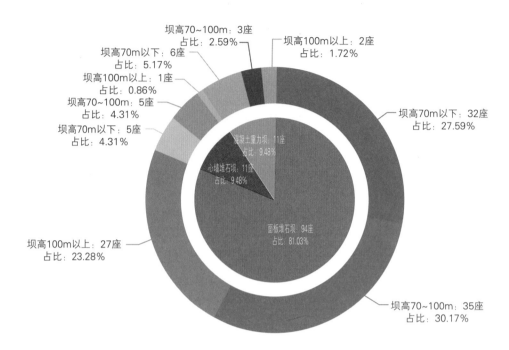

图 4.6　2023 年中国在建项目上下水库大坝坝型与坝高占比

井的布置方案，引水隧洞衬砌以混凝土、钢衬为主，尾水隧洞主要采用混凝土衬砌。随着施工技术的进步，输水系统立面长斜井布置方案将会得到更多应用，此方案可充分发挥输水线路相对较短、水头损失相对较小的优势。2023 年中国在建项目距高比分布情况如图 4.7 所示。

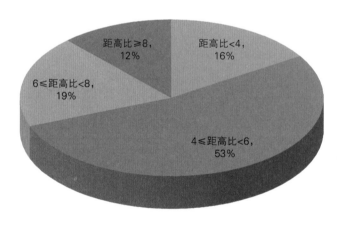

图 4.7　2023 年中国在建项目距高比分布情况

机组呈现高水头、大单机容量趋势。抽水蓄能电站的额定水头多在 300~550m 之间，部分项目达到 700m 级。目前，单机容量 30 万 kW、35 万 kW 机组为中国抽水蓄能电站主流机组；单机容量 40 万 kW 机组也已进入商业应用阶段，浙江天台、惠州中洞、辽宁大雅河等抽水蓄能电站的单机容量均为 40 万 kW 及以上。其中，浙江天台抽水蓄能电站单机容量 42.5 万 kW，电站额定水头 724m，均为中国第一。2023 年中国在建项目额定水头分布情况如图4.8所示。

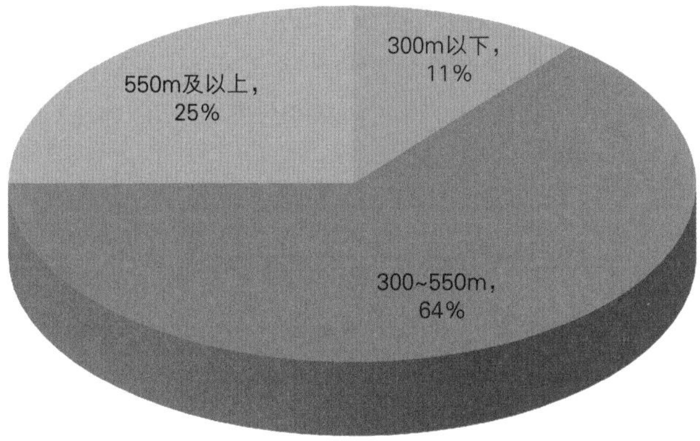

图 4.8　2023 年中国在建项目额定水头分布情况

TBM 施工技术突破，应用范围逐步增大。 2023 年，小断面隧洞TBM 施工关键技术在抽水蓄能电站应用较广，电站自流排水洞、排水廊道等洞径 3m 左右的隧洞采用 TBM 施工较多。 大倾角、大直径斜井硬岩掘进机（TBM）施工关键技术应用取得突破，已成功应用在河南洛宁、湖南平江抽水蓄能电站的引水隧洞开挖中。

变速机组技术取得新进展。 2023 年 12 月 10 日，中国首台套变速机组——河北丰宁抽水蓄能电站 12 号机组并网发电一次性成功，标志着中国抽水蓄能电站机组在变速技术应用上取得新进展。

4.2.4　重大典型项目

抽水蓄能电站建设稳步推进。 2023 年，黑龙江荒沟、吉林敦化、福建周宁等抽水蓄能电站共 7 个项目完成主体工程建设。 新疆阜康、陕西镇安抽水蓄能电站等 9 个项目完成工程蓄水节点；重庆蟠龙抽水蓄能电站等 5 个项目完成首台机组启动节点；辽宁清原、河北丰宁抽水蓄能电站等 8 个项目的 17 台机组转入正常生产运行，相应装机容量 515 万kW。 抽水蓄能典型在建项目见专栏 2。

专栏 2　　　　　　　　　　**抽水蓄能典型在建项目**

河北丰宁抽水蓄能电站

　　总装机容量 360 万 kW，安装 10 台 30 万 kW 的定速机组和 2 台 30 万 kW 的变速机组。该电站为目前全世界装机容量最大的抽水蓄能电站，也是中国 30 万 kW级变速机组首次成功应用的抽水蓄能电站。目前，电站已并网 11 台机组，剩余的11 号机组预计 2024 年并网。

浙江天台抽水蓄能电站

装机容量 170 万 kW，水轮机工况额定水头高达 724m，单机容量 42.5 万 kW，为中国额定水头最高和单机容量最大的抽水蓄能电站。目前，电站主、副厂房以及主变洞开挖支护基本完成。

河南洛宁抽水蓄能电站

装机容量 140 万 kW，引水系统采用一洞两机，长斜井一级布置，采用 TBM 掘进，斜井直径 7.2m。目前已完成开挖的 1 号斜井全长 928.297m，坡度为 38.742°，最大日进尺达 16.086m。长斜井 TMB 设备应用代表了地下洞室开挖"少人化、机械化、标准化、智能化"的发展趋势。目前，电站 1 号斜井顺利贯通。

江苏句容抽水蓄能电站

江苏句容抽水蓄能电站位于江苏省句容市境内，电站装机容量 135 万 kW（6×22.5 万 kW）。电站上水库是全球规模最大的库盆填筑工程，上水库大坝坝高 182.3m，是在建抽水蓄能电站中世界第一高沥青混凝土面板堆石坝。2023 年 12 月，电站下水库已蓄水。

4.2.5　工程质量状况

抽水蓄能电站建设质量可控。2023 年抽水蓄能电站集中开工，各参建单位采取加大科研技术经费投入、加强施工人员技能培训等措施，不断提升管理能力，适应高峰建设需要。此外，随着 TBM 等各种大型先进施工装备的应用，施工质量的稳定性有所提高。但随着开发建设主体多元化、项目集中开工建设，施工质量管控难度增加、管控要求更高。

4.3
风电

4.3.1　建设总体情况

风电装机规模持续增长。2023 年中国风电新增装机容量达历史新高，共 7566 万 kW，其中陆上风电新增装机容量 6933 万 kW，海上风电新增装机容量 633 万 kW。

4.3.2　开发建设主体

陆上风电项目开发建设主体多元化，央企、国企是海上风电项目开发建设主力军。2023 年新增装机的陆上风电项目投资主体除中国华电集团有限公司、国家电力投资集团有限公司、国家能源投资集团有限责任公司、中国华能集团有限公司、中国三峡集团有限公司、中国广核集团有限公司、华润（集团）有限公司等央企外，内蒙古能源集团有限公司、山东能源集团有限公司、河北建设投资集团有限责任公司等地方国企在本省份项目投资比例逐渐增加。 另外，风电机组主机制造商如金风科技股份有限公司、远景科技集团有限公司、明阳新能源投资控股集团等民营企业利用自身产业优势，也积极参与风电项目投资开发。

海上风电项目投资总额、资本金额度大，电价补贴取消后项目回收期长，民营企业投资较为谨慎。 2023 年新增装机的海上风电项目中绝大多数为央企、国企开发建设，仅广东阳江明阳青洲四项目为民营企业开发建设。

4.3.3　地域分布特点

陆上风电项目建设逐渐向大基地集中。 随着国家批准的以"沙戈荒"地区为重点的大型风电光伏基地全面开工建设，陆上风电建设呈现出向地广人稀、风资源较好的"三北"区域发展的明显趋势，尤其在新疆、甘肃、内蒙古、河北等省份较为集中。 相反，南方及沿海区域，除广西及云南外，其余各省份陆上风电项目在建项目和并网数量结构性减少。

海上风电建设呈基地集群态势。 "十四五"期间，国家规划了山东半岛、长三角、闽南、粤东、北部湾五大千万千瓦级海上风电基地集群。 目前，江苏、广东海上风电并网容量均超过千万千瓦，为全国前2 位。

4.3.4　工程特点概述

机型迭代迈入"高速时代"，单机容量再创新高。 2023 年，风电机组制造业迈入"薄利时代"的同时，以大型化为主要趋势的机型迭代迈入"高速时代"。 2023 年，在建陆上风电大基地项目中，机组大型化是最大特色，其中内蒙古、新疆的项目中 6.25MW、6.75MW 机型占总装机容量的 50% 以上。 2023 年 12 月底并网运行的内蒙古能源集团东苏巴彦乌拉 100 万 kW 风储项目采用单机容量 8.5MW 陆上风电机组，成为中国首个在大基地应用 8.5MW 陆上风电机组的项目。 2023 年，中国新增并网海上风电机组中，8.5MW 风电机组共 301 台、占比 38.7%，11MW 风电机组共 171 台、占比 22%，6.5MW、12MW 等风电机组共 203 台、占比39.3%。 2023 年 6 月，三峡福建平潭外海海上风电项目首台 16MW 风电机组投产发电，海上风电机组单机容量再创新高。

风电机组基础型式存在较强的区域分布特征。 2023 年，在建陆上风电机组基础，沿海地区和平原地区以桩基础＋承台结构型式基础为主，山区采用天然地基＋重力式扩展基础为主。 在建海上风电机组的基础以单桩、导管架基础型式为主，其中单桩基础共有 526 台，占比 67.6%，主要分布在山东和浙江；导管架基础共有 252 台，占比 32.4%，主要分布在广东。 2023 年中国海上风电机组基础型式占比如图 4.9 所示。

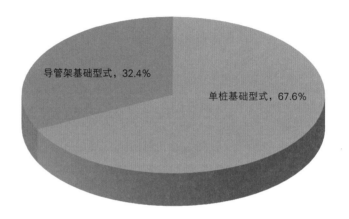

图 4.9　2023 年中国海上风电机组基础型式占比

　　陆上风电机组塔架中钢混组合塔架占比逐渐增大。 近年来，陆上风电开发逐步向低风速区发展，同时机组单机容量趋向大型化，塔架高度也从 110m 逐步发展至 160m 以上。 随着塔架高度的增大，塔架型式也由柔性钢结构向钢结构−混凝土结合型式变化。 110m 以下塔架采用钢塔筒型式，110～140m 区间塔架以钢塔筒为主、钢混结合型式为辅，140m 以上塔筒均采用钢混组合结构型式。 三峡能源阜阳南部风光电基地（阜南）风电项目 F40 号风电机组采用混凝土−钢结构组合塔筒，轮毂中心高度 185m，为目前中国在建风电项目中塔架高度最大的风电机组。

　　海上风电向深远海发展。 2023 年，在建海上风电项目场址中心离岸平均距离 30km，同比增长 29.9%，其中阳江明阳青洲四海上风电场项目场区中心离岸距离最大为 67km。 国管海域项目开发逐渐开始，三峡山东牟平 BDB6 号一期（300MW）海上风电项目是第一个国管海域开工及并网的海上风电项目。

　　陆上风电以双馈型为主，海上风电以半直驱型为主。 2023 年中国新增装机中，陆上风电机组平均单机容量 5.5MW，平均叶轮直径 185m，平均轮毂中心高度 140m，风电机组电气技术类型多为双馈型，占比 77.98%。 海上风电机组平均单机容量 9.5MW，平均叶轮直径 225m，平均轮毂中心高度 132m，风电机组电气技术类型主要为半直驱型，占比 62.28%。

4.3.5　重大典型项目

2023 年度，新疆、内蒙古、甘肃、青海等省份集中组织开工了一批"沙戈荒"大基地项目，总规模近 2000 万 kW。相对于内地沿海与平原地区，大基地项目建设干扰因素较少，建设速度快、工效高。广西北部湾千万千瓦级海上风电基地开工建设，广东阳江青洲一、二海上风电项目成功并网。风电典型在建项目见专栏 3。

专栏 3　　　　　　　　　　风电典型在建项目

中广核巴州若羌县 100 万 kW 风电项目

该项目位于新疆巴音郭楞蒙古自治州若羌县，安装 141 台单机容量为 6.7WM、7.5MW 风电机组，配套建设 10 万 kW/20 万 kW·h 储能项目。项目于 2023 年 7 月底开工，12 月底全容量并网，为中国最大的当年开工、当年全容量并网的百万基地项目。

蒙能化德县 100 万 kW 风光储项目

该项目位于内蒙古自治区乌兰察布市化德县，建设规模 100 万 kW，其中风电总装机容量 80 万 kW，安装 107 台单机容量为 6.7WM、7.5MW、8.5MW 风电机组。项目于 2023 年 3 月开工建设，12 月底全容量并网。

广西防城港海上风电示范项目 A 场址工程

2023 年 6 月，广西防城港海上风电示范项目 A 场址项目装机容量 70 万 kW，共安装 83 台 8.5MW 风电机组、建设 1 座 220kV 海上升压站。该工程开工建设，标志着广西海上风力发电建设工程从无到有。

广东阳江青洲一、二海上风电项目

项目装机容量为 100 万 kW，安装 92 台单机容量 11MW 风电机组，为全球首次应用 500kV 交流海上升压站、500kV 交流三芯海缆等技术。2023 年年底项目实现全容量并网。

4.3.6　工程质量状况

风电建设质量管理水平总体有所提升。为实现碳达峰碳中和目标，央企、国企逐步成为风电建设的主力军。央企、国企质量管理体系较完善，安全生产投入较大，且经过前些年风电建设实践，项目业主与参建单位对风电建设的认识不断深入，积累了较为丰富的施工组织管理经验，加上政府主管部门的监督检查，风电建设质量管理水平总体有所提升。而且，在风电建设过程中，不少参建单位开展技术总结和创新，加上新装备、新技术的应用，均为风电建设高质量发展提供助力。

风电项目建设质量管控难度逐渐增加。2023 年风电项目出现个别质量安全事故，如山西某风电场发生触电事故，内蒙古、新疆、安徽等地均有发生风电机组倒塔事故，风电项目建设质量管控难度逐渐增加。原因主要有以下几个方面：一是风电机组单机容量越来越大，轮毂高度越来越高，高空风速和风向难以把控，设备吊装能力要求越来越苛刻；二是风电机型迭代过快，超大容量风电机组的可靠性、稳定性还有待实践运行检验；三是陆上风电项目逐渐向高山、戈壁地区发展，材料与设备运输的难度增大，导致商品混凝土供应不足，自拌混凝土质量控制难度较大、质量稳定性较差；四是海上风电建设逐步向深远海发展，深远海域建设、运行条件更为恶劣，对海上风电设计、制造和施工均提出了更高的要求；五是海上风电存在大量隐蔽工程，比如海缆敷设施工、风电机组导管架基础灌浆等，隐蔽工程的施工质量对海上风电场质量管控影响较大。

4.4 太阳能发电

4.4.1 建设总体情况

"沙戈荒"基地项目助力集中式光伏加速建设。全年集中式光伏新增装机容量 1.2 亿 kW、占比 58.48%，新增装机反超分布式光伏。集中式光伏新增装机容量的大幅提升主要源于以"沙戈荒"地区为重点的大型风电光伏基地项目的加速建设。其中，第一批基地项目 2023 年年底基本实现投产，第二批基地项目开工过半。

在建光热电站主要为"光热＋"一体化项目。光热发电在建工程主要为"光热＋"一体化项目，作为大型风电光伏项目落实市场化并网条件的配套选择，一体化项目中光热项目装机规模均超过 10 万 kW。

4.4.2 开发建设主体

央企持续发力建设集中式光伏。2023 年集中式光伏新增并网项目的建设主体主要为央企。其中，中国华能集团有限公司、中国大唐集团有限公司、中国华电集团有限公司、国家电力投资集团有限公司、中国三峡集团有限公司、国家能源投资集团有限责任公司、国家开发投资集团有限公司、华润（集团）有限公司、中国广核集团有限责任公司等国企共计新增 8404.7 万 kW。

4.4.3 地域分布特点

西北 5 省份集中式光伏新增装机容量突出。2023 年集中式光伏新增并网装机容量排名前 10 位的省份为云南（1441 万 kW）、新疆（1428 万 kW）、甘肃（1104 万 kW）、河北（1030 万 kW）、湖北（773 万 kW）、青海（716 万 kW）、陕西（632 万 kW）、山西（567 万 kW）、内蒙古（562 万 kW）、宁夏（520 万 kW）。 其中，西北 5 省份新增并网装机容量 4399.7 万 kW，约占全国新增集中式并网装机容量的 36.66％。 2023 年中国集中式光伏新增并网装机容量排名前 10 位省份的并网装机规模如图 4.10 所示。

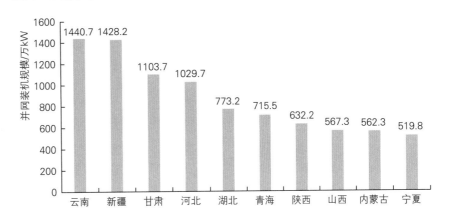

图 4.10　2023 年中国集中式光伏新增并网装机容量排名
前 10 位省份的并网装机规模

分布式光伏新增装机主要在中东部地区。 2023 年分布式光伏新增并网装机容量排名前 10 位的省份为河南（1390 万 kW）、江苏（1217 万 kW）、山东（1013 万 kW）、安徽（847 万 kW）、浙江（764 万 kW）、广东（632 万 kW）、河北（531 万 kW）、江西（505 万 kW）、湖南（503 万 kW）、福建（405 万 kW），均为中东部地区。 中东部地区新增并网装机容量 8716.1 万 kW，约占全国新增分布式并网装机容量的 90.52％。 2023 年中国分布式光伏新增并网装机容量排名前 10 位省份的并网装机规模如图 4.11 所示。

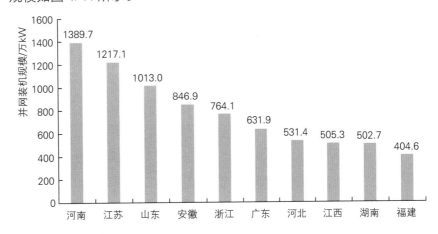

图 4.11　2023 年中国分布式光伏新增并网装机容量排名
前 10 位省份的并网装机规模

在建"光热＋"一体化项目集中在西部四省区。 在建"光热＋"一体化项目分布在新疆（6 个）、甘肃（4 个）、青海（1 个）、西藏（1 个）等西部省份，总计 12 个。

4.4.4　工程特点概述

光伏组件加速向高功率迈进，P 型仍占主导、N 型市占率快速提升。 2023 年并网的集中式光伏项目，光伏组件主要生产厂家均为中国企业，从出货量来看，主要厂家有隆基、晶科、晶澳、天合、阿特斯、通威、东方日升、正泰、一道新能、环晟等。 光伏组件容量规格总体在 535～680Wp 之间，主要规格集中在 540～560Wp。 2023 年，在不断探索"降本增效"新路径的主旋律下，大尺寸、高功率、N 型组件已成为新的发展趋势，N 型市占率快速增加到 25.6％。 各生产厂家发布的光伏组件转换效率屡创新高，PERC、TOPCon、HJT 平均转换效率分别达 23.4％、25.0％、25.2％，但部分数据可靠性有待权威检测机构验证。

光伏逆变器仍以组串式为主流类型。 2023 年并网的集中式光伏项目，光伏逆变器的主要生产厂家均为国内企业，从出货量来看，光伏逆变器市场主要厂家有华为、阳光电源、上能电气、株洲变流、特变电工等。 光伏逆变器仍以组串式为主流类型，组串式逆变器单台功率总体在 200～300kW 之间。

光伏支架型式仍以固定式为主，跟踪式、柔性、漂浮式逐步得到应用。 光伏支架是整个光伏产业链中唯一的非标准化定制产品，每套支架系统都需要根据不同的项目进行单独设计。 2023 年并网的集中式光伏项目，绝大部分项目仍采用固定支架（包括固定可调）。 目前，跟踪支架在中国的渗透率远低于全球平均数据，随着光伏项目投资理念的转变和跟踪支架自身技术成熟度的提升，应用规模呈现逐步提高趋势；随着"光伏＋农业、渔业"等复合项目的开发趋势愈发明显，柔性支架具备高效土地复合利用的特性，应用场景越来越广泛；受陆地土地资源制约，漂浮式支架在特殊场景下也逐渐得到应用。

光热发电行业已基本建立具有自主知识产权的全产业链。 目前已基本建立具有自主知识产权的光热发电行业全产业链，掌握了拥有完整知识产权的聚光、吸热、储换热，发电等核心技术，高海拔、高寒地区的设备环境适应性设计技术，具备了支撑光热发电大规模发展的生产能力。

在建光热项目镜场面积普遍低于 80 万 m²/10 万 kW。 根据国家能源局《关于推动光热发电规模化发展有关事项的通知》（国能综通新能〔2023〕28 号）要求，原则上每 10 万 kW 电站的镜场面积不应小于 80 万 m²。 在建光热项目镜场面积普遍未达到文件要求，影响机组发电量，难以发挥长时储能的灵活调节功能。

4.4.5 重大典型项目

中国进一步推进太阳能发电集中式开发，加快推进以"沙戈荒"地区为重点的大型风电光伏基地项目建设。 全球最高海拔光伏项目、中国单体规模最大光伏治沙项目、全球单体最大柔性支架项目、中国单体规模最大漂浮式光伏电站、全球单体容量最大"盐光互补"光伏发电项目并网投产；多个在建光热发电项目有序推进。 太阳能发电典型项目见专栏 4。

专栏 4   **太阳能发电典型项目**

全球最高海拔光伏项目并网投产

华电西藏才朋光伏项目位于海拔 4994～5100m 的西藏山南市，装机规模 50MW，占地面积约 800 亩，设计年平均发电量 0.9 亿 kW·h。

中国单体规模最大光伏治沙项目并网投产

蒙西基地库布其 200 万 kW 光伏治沙项目位于内蒙古鄂尔多斯市，装机规模 200 万 kW，是中国首个在沙漠区域大面积应用柔性支架材料的光伏治沙项目。

全球单体最大柔性支架项目并网投产

通威天门沉湖 50 万 kW 渔光一体光伏电站项目位于湖北省天门市，装机规模 50 万 kW，全部采用柔性支架，减少混凝土预制管桩用量约 70%。

中国单体规模最大漂浮式光伏电站并网投产

安徽阜阳南部风光电基地水面漂浮式光伏电站位于安徽省阜阳市，装机规模 65 万 kW，项目利用 8580 万个浮体及配件，共安装了 120 万块光伏组件。

全球单体容量最大"盐光互补"光伏发电项目并网投产

天津华电海晶 100 万 kW"盐光互补"光伏发电项目，装机规模 100 万 kW，形成"水上光伏发电、水面蒸发制卤、水下水产养殖"的"一地三用"循环产业。

在建熔盐线性菲涅尔光热发电项目

玉门"光热储能＋光伏＋风电"示范项目 10 万 kW 光热储能工程位于甘肃省玉门市，采用熔盐线性菲涅尔技术路线，设计储热时长 8h。

在建塔式熔盐光热发电项目

中电建新能源新疆吐鲁番市托克逊 10 万 kW 光热（储能）示范项目位于新疆吐鲁番市托克逊县，采用塔式熔盐太阳能热发电技术路线，汽轮机额定容量为 100MW，设计储热时长为 8h。

4.4.6　工程质量状况

光伏电站整体建设质量水平不断提高。 2023 年，随着以"沙戈荒"地区为重点的大型光伏基地项目的投产发电，集中式光伏电站的整体建设质量水平不断提高。 其中，广西钦州市钦南区民海 30 万 kW 光伏发电平价上网项目、浙江温岭 10 万 kW 潮光互补智能光伏发电项目获得2023 年度中国电力优质工程奖项。

部分光伏电站设备和工程质量仍存在隐患。 随着光伏技术的迭代升级，因新技术、新材料的应用而引起的组件隐裂、胶膜和背板失效等产品可靠性问题有所增多。 部分项目参建单位管理经验较为缺乏，热衷于抢资源、跑马圈地，只关注工程成本和进度，未对质量风险隐患的发现、整治、处理等环节形成闭环管理，质量意识有待进一步提高。

4.5
生物质能

4.5.1　建设总体情况

农林生物质发电项目建设规模总体平稳。 2023 年，在建规模以上项目 34 个，辽宁西丰、黑龙江肇东 2 个项目建成投产。 生活垃圾焚烧发电项目建设步入稳定发展期。 2023 年，中国在建生活垃圾焚烧发电项目共88 个，总装机容量 173 万 kW，总垃圾处理量 7 万 t/天。 从垃圾发电行业市场竞争格局来看，目前垃圾发电行业市场集中度较高且较为稳定。

4.5.2　开发建设主体

生物质发电项目开发建设主体多元化。 2023 年，中国 55 个生活垃圾焚烧发电项目由上海康恒、光大环境、深圳能源、重庆三峰、中节能、天津泰达等国企和安徽海创、武汉天源、伟明环保等民营企业投资开发建设。 农林生物质发电及生物质能非电利用项目开发建设主体大多数为民营企业，较为分散。 2023 年中国生活垃圾焚烧发电项目投资主体分布如图 4.12 所示。

4.5.3　地域分布特点

生活垃圾焚烧发电项目建设从东中部地区向西北地区过渡。 自2019 年快速发展期之后，新建和投产项目数量出现较大回落。 2023年，云南、甘肃、贵州、四川、内蒙古、新疆等省份的垃圾焚烧发电项目份额占比超 50%，扭转了此前东部地区占主体的格局。 其中，云南

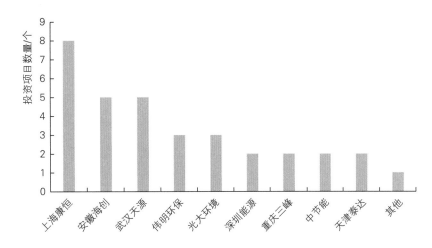

图 4.12　2023 年中国生活垃圾焚烧发电项目投资主体分布

共 9 个项目，成为 2023 年垃圾焚烧项目建设最多的省份。

生物质非电利用区域分布特点明显。 生物天然气产量主要集中于西南和西北地区；华北和华东地区为生物质成型燃料主产区。 燃料乙醇以市场需求导向为主，主要集中在东北三省、安徽、河南等地区。

4.5.4　工程特点概述

单个生活垃圾焚烧发电项目体量小型化。 千吨级以上的垃圾焚烧发电项目仍集中在中、东部地区，西部地区项目体量总体偏小。 垃圾处理能力 300～600t/天的项目占比较高。 随着县域垃圾焚烧处理设施建设的不断推进，300t/天以下垃圾焚烧项目建设数量逐渐增多。 300t/天以下垃圾焚烧项目建设地区主要集中在内蒙古、云南。 2023 年投产的垃圾发电项目，53% 以上项目采用"一炉一机"的设计，项目装机容量呈减小趋势。 2023 年中国生活垃圾焚烧发电项目规模占比如图 4.13 所示。

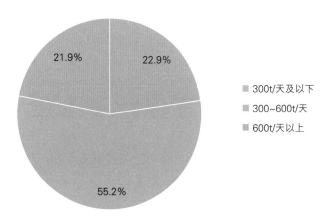

图 4.13　2023 年中国生活垃圾焚烧发电项目规模占比

高转速汽轮机组应用更为广泛。 2023 年新建项目中应用高转速汽轮机的项目占 38.7%。 2023 年 3 月投产的河北阜平生活垃圾焚烧发电项目，采用的汽轮机额定功率 12MW，额定转速达到 8442r/min。

4.5.5 重大典型项目

生物质重大典型项目建设持续推进，中国机械炉排焚烧炉最大单炉处理量项目——湖北武汉市江北西部（新沟）垃圾焚烧发电扩建项目顺利投产；中国首个生物制氢一体化项目——黑龙江哈尔滨市平房污水处理厂完成主要设备安装工作。 生物质典型项目见专栏 5。

专栏 5   **生物质典型项目**

中国机械炉排焚烧炉最大单炉处理量项目投产

湖北武汉市江北西部（新沟）垃圾焚烧发电扩建项目，采用成熟的机械炉排炉焚烧方式处置生活垃圾，建设规模为日处理生活垃圾 1000t，汽轮发电机组容量为 40MW。该项目垃圾处理量 1100t/天，为目前中国机械炉排焚烧炉最大单炉处理量。

中国首个生物制氢一体化项目完成主要设备安装

2023 年年底，中国首个生物制氢及发电一体化项目在黑龙江哈尔滨市平房污水处理厂完成主要设备的安装。该项目包括制氢、提纯、加压、发电、交通场景应用、发酵液综合利用等六大系统。

4.5.6 工程质量状况

生物质项目建设质量管理稳步提升。 生物质项目建设质量安全工作常态化、规范化开展，部分项目获得工程建设质量奖项。 2023 年，广东深圳市东部环保电厂荣获"国家优质工程金奖"；浙江富阳区循环经济产业园生活垃圾焚烧处置项目、河北张家口生活垃圾焚烧发电项目、浙江杭州临江环境能源工程、山西太原市循环经济环卫产业示范基地生活垃圾焚烧发电项目等荣获"国家优质工程奖"。 生物质项目建设中工程质量管理仍存在不足，人员专业水平仍有待提高。

4.6
新型储能

4.6.1 建设总体情况

锂电池储能在新型储能技术路线中占主导地位，应用主要集中在电源侧和电网侧。 截至 2023 年年底，中国已建成投运新型储能项目累计装机规模达 3139 万 kW/6687 万 kW·h，其中锂离子电池储能占比 97.4%；电源侧新能源配储规模约 1236 万 kW，主要分布在山东、内蒙古、西藏、新疆、青海等地区；电网侧独立和共享储能规模达 1539

万 kW，主要分布在山东、湖南、宁夏等地区。

压缩空气储能电站迈入单机 300MW 时代。 已实质开工在建项目共 5 个，合计装机规模 81 万 kW/414 万 kW·h，其中湖北应城和山东肥城项目单机容量均为 300MW，2023 年进入机电安装调试阶段。

4.6.2　开发建设主体

电化学储能项目建设主体以国企为主。 2023 年电化学储能项目的建设主体主要为央企。 其中，中国华能集团有限公司、中国大唐集团有限公司、中国华电集团有限公司、国家电力投资集团有限公司、中国三峡集团有限公司、国家能源投资集团有限责任公司、国家开发投资集团有限公司、华润（集团）有限公司、中国广核集团有限公司等国企共计新增 2025 万 kW。

4.6.3　地域分布特点

多地加快新型储能发展，11 省（自治区、直辖市）装机规模超百万 kW。 截至 2023 年年底，新型储能累计装机规模排名前 5 位的省份为山东（398 万 kW/802 万 kW·h）、内蒙古（354 万 kW/710 万 kW·h）、新疆（309 万 kW/952 万 kW·h）、甘肃（293 万 kW/673 万 kW·h）、湖南（266 万 kW/531 万 kW·h），装机规模均超过 200 万 kW。 宁夏、贵州、广东、湖北、安徽、广西等 6 省份装机规模超过 100 万 kW。 华北、西北地区新型储能发展较快，装机占比超过全国总装机的 50%，其中西北地区占 29%，华北地区占 27%。 2023 年中国新型储能累计装机规模排名前 5 位省份的装机情况如图 4.14 所示。

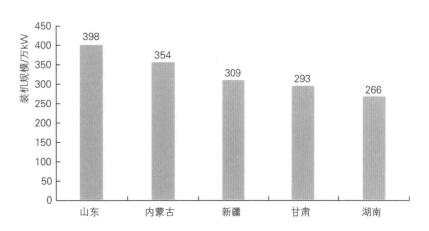

图 4.14　2023 年中国新型储能累计装机规模排名前 5 位省份的装机情况

4.6.4 工程特点概述

磷酸铁锂仍是电化学储能用电池的主要类型。 2023 年投产的电化学储能项目，锂离子电池为绝对主力军，其电芯具有能量密度大、综合效率高、反应速度快等优点，主要生产厂家为宁德时代、中航锂电、厦门海辰、比亚迪、亿纬动力、远景、瑞浦等。 电芯容量主要规格为 280Ah，部分为 300Ah、320Ah 等。 电芯容量呈现逐步提升态势，大容量电芯在电池模组层面减少零部件使用量，简化后续装配工艺，节省土地基建、集装箱等成本方面优势显著。

电化学储能用储能变流器以集中式为主。 2023 年投产的电化学储能项目，PCS（储能变流器）主要生产厂家为科华、许继电气、阳光电源、南瑞继保、上能电气、禾望等。 目前以集中式为主，部分采用组串式、高压级联式。 组串式技术在电池簇能量控制、数字化管理方面可实现灵活部署、平滑扩容，高压级联技术在提高储能变流器功率、提高运行效率和响应速度方面优势较为明显。

非补燃式压缩空气储能技术已成为主流，储气库以天然盐穴为主。 非补燃式压缩空气储能电站已从示范化向商业化过渡，成为主流技术路线，在压缩空气发电过程中不依赖外界能源，从而实现零碳排放，契合清洁低碳的要求。 2023 年在建项目储气库分为天然盐穴 2 个、人工硐室 1 个、储罐 + 人工硐室 1 个、储气罐 1 个。

压缩空气储能关键设备实现完全自主生产。 2023 年关键设备重难点技术已逐步攻克、100% 实现国产化。 中国压缩机制造厂家主要有沈鼓集团、陕鼓动力等，主要采用并联或串联方式；100MW 级压缩机效率可达 87% 以上。 中国膨胀机生产厂家主要有东方电气、上海电气、哈尔滨电气，100MW 级膨胀机效率达 91% 以上。 换热器国内化工及动力设备配套厂家均具备自主设计加工能力，哈尔滨汽轮机厂研制了 U 型发夹式换热器，中国科学院研发了气-水换热器。

压缩空气储能主要技术性能全面提升，设计效率逐步提高。 系统效率随制造工艺和装机容量的优化配置，兆瓦级系统效率约 52%，10MW 级系统效率约 60%，100MW 级系统效率超 70%。 100MW 级压缩空气储能项目的压缩时长为 8～10h，最大发电时长达 10h。

4.6.5 重大典型项目

电化学储能项目实现规模化发展，中国首座大型构网型储能电站并网投产、中国在建最大电网侧储能电站开工；两座 300MW 级压缩空气储能电站示范项目加快建设。 新型储能典型项目见专栏 6。

专栏 6　　　　　　　　　新型储能典型项目

中国首座大型构网型储能电站并网投产

湖北荆门新港储能电站装机规模 50MW/100MW·h，电站充电一次可提供约 100MW·h 的错峰电量，可满足 1 万户家庭一天的用电需求。

中国在建最大电网侧储能电站

甘肃瓜州宝丰开关站 2500MW/10000MW·h 电网侧储能电站装机规模 2500MW/10000MW·h，于 2023 年 12 月开工建设。

全球在建最大规模压缩空气储能电站

山东肥城百兆瓦级先进压缩空气储能电站装机规模 300MW/1800MW·h，设计充电时长 8.3h、放电时长 6h，系统效率 72.1%，设计年运行 1980h，盐穴腔体总有效容积约 80 万 m³，设计运行压力 7～10MPa。

世界首台（套）300MW 级压缩空气储能示范工程

湖北应城 300MW 级压缩空气储能项目装机规模 300MW/1500MW·h，设计充电时长 8h，放电时长 5h，设计年运行 1660h。盐穴腔体总有效容积约 65 万 m³，设计运行压力 7～9MPa。

4.6.6　工程质量状况

电化学储能电站质量安全总体可控。 随着电化学储能电站的大规模投运，在并网调度规则、产品检测认证、运输、安装、调试、运维方面涉及的标准正逐步落地，质量标准体系进一步规范。 另外，参建单位在不同维度建立了电池选型和检测体系，对新投运的电站开展了电池单体、电池模块和电池管理系统到货抽检和并网检测，并建立了储能电站在线性能监测和评价体系，有力地保障了电站的运行安全。

部分电化学储能电站设备和工程质量仍存在隐患。 随着不同品牌的电化学储能设备大量涌入市场，电化学储能集成系统产品设计参差、软硬件兼容性需进一步提高，部分厂家缺乏集成拓扑设计经验和能力。 另外部分参建单位追求成本控制，倾向于选择低成本储能产品，忽视质量与安全，存在风险隐患。

压缩空气储能电站建设质量总体可控。 随着储热技术进一步升级，压缩空气储能系统效率进一步提升，硬岩储气库开始进入工程实践，关键设备实现国产化，在建压缩空气储能项目均有序推进，国家层面通过政策引导和示范项目助推下行业发展。

压缩空气储能电站标准体系尚未建立，硬岩储气库施工组织管理有待规范。 目前压缩空气储能项目储气设施施工、主要设备安装、系统和整套启动调试均无相应的标准规范，工程建设无法有效实施标准化管理。 部分硬岩储气库施工过程中存在不良地质体处理不规范、地下水引排措施不到位、开挖后支护不及时、缺少安全监测措施等问题，给工程质量和施工安全带来了风险隐患。

5 利用

2023 年，中国可再生能源发电量和利用效率均显著增长，中国可再生能源年发电量 2.95 万亿 kW·h，约为全社会用电量的 1/3。 其中，水电受年景来水总体偏少等因素影响，年度发电量和利用小时数均有所下降，但有效水能利用率再创新高；风电和太阳能发电量大幅提升，合计达到 1.47 万亿 kW·h，占总发电量比重稳步提高至 15% 以上，已超过全国城乡居民生活用电量，同时也保持了较高的新能源利用率水平；生物质发电量稳步提升。 整体来看，可再生能源在全国能源保供中的作用进一步增强。

5.1 常规水电和抽水蓄能

2023 年，中国水电发电量
12836 亿 kW·h

中国水电发电量 12836 亿 kW·h

2023 年，中国水电发电量 12836 亿 kW·h，受全国来水减少影响，同比减少 5.0%，占全部电源年总发电量的 13.8%，较 2022 年降低 1.7 个百分点。 分省份看，2023 年四川水电发电量最高，达到 3863 亿 kW·h，占全国水电发电量的 30.1%，占本省总发电量的 77.5%；云南水电发电量 3079 亿 kW·h，占全国水电发电量的 24.0%，占本省总发电量的 74.2%；湖北 1313 亿 kW·h、贵州 432 亿 kW·h、广西 400 亿 kW·h 分列水电发电量第 3~5 位，前述五省（自治区）水电年发电量合计 9087 亿 kW·h，占全国水电发电量的 70.8%。 2014—2023 年中国水电年发电量及占比变化趋势如图 5.1 所示。

图 5.1　2014—2023 年中国水电年发电量及占比变化趋势

中国水电年平均利用小时数
3133h

中国水电年平均利用小时数 3133h

2023 年，受年初水电蓄水不足、全年来水持续偏枯影响，叠加夏季极端高温，保供电任务繁重，中国水电年平均利用小时数 3133h，同比下降 8.2%。 分省份来看，陕西、广东、湖北年平均利用小时数增长较多，分别增长 784h、422h、222h，位居全国前 3 位；部分发电量较大的省份，如广西、贵州、湖南、福建受前述因素影响，分别降低 1330h、1066h、926h、431h。 受天然来水情况影响，水电年平均利用小时数具有一定波动性。 2014—2023 年中国水电年平均利用小时数统计如图 5.2 所示。

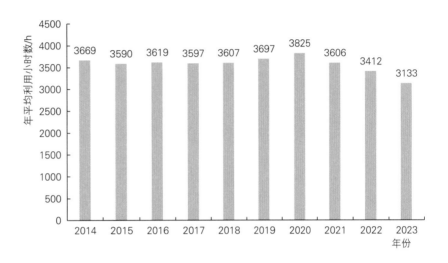

图 5.2　2014—2023 年中国水电年平均利用小时数统计

中国监测电站弃水电量 77.4 亿 kW·h，自有监测数据以来首次降至 100 亿 kW·h 以下

流域水电综合监测数据显示，2016—2018 年，中国弃水电量均在 400 亿 kW·h 以上，其中，2017 年和 2018 年中国弃水电量均超过 600 亿 kW·h。 自 2019 年以来，弃水电量逐年持续下降，其中 2023 年弃水电量 77.4 亿 kW·h 为最低，较 2022 年减少 53.1 亿 kW·h，同比下降 40.7%。 2023 年来水总体偏少，电力送出受阻断面送出能力不断提高，弃水较严重的区域继续执行水电消纳示范区政策以促进水电本地消纳，以及新投产的乌东德、白鹤滩和两河口等大型调节水电站蓄丰补枯，弃水问题得以持续好转。

与往年类似，弃水主要发生在四川省内送出受阻的九石雅断面和攀西断面的大渡河干流和部分支流电站。 其中，大渡河干流弃水电量 35.4 亿 kW·h，占总弃水电量的 45.8%；金沙江支流、雅砻江干支流、岷江干支流和嘉陵江干支流部分电站合计弃水电量 33.7 亿 kW·h，占总弃水电量的 43.5%。

中国有效水能利用率自 2016 年以来首次达到 99％以上，再创新高

近年来，在水电装机持续增长的情况下，中国弃水电量保持下降势头，监测电站总体有效水能利用率由 2016—2018 年的 90％左右逐年提高，至 2023 年达到 99.04％，为 2016 年以来首次高于 99％，同比提高 0.5％，较 2016—2022 年均值提高 5.1％。 主要流域中，大渡河干流有效水能利用率 95.1％，其他主要流域有效水能利用率均接近或达到 100％。 2016—2023 年中国监测水电站年弃水电量和年有效水能利用率变化趋势如图 5.3 所示。

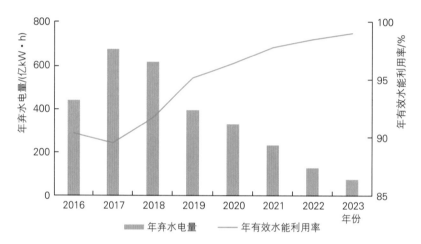

图 5.3　2016—2023 年中国监测水电站年弃水电量
和年有效水能利用率变化趋势

中长期预测和梯级水电站联合调度，助力电力保供

2023 年初水电蓄能不足，来水持续偏枯，叠加夏季极端高温，保供电任务繁重。 通过实时跟踪中国主要流域来水情况，滚动开展水电梯级发电、蓄水、蓄能监测和预测分析，科学统筹梯级水电站运行调度，有效保障了成都大运会、杭州亚运会以及迎峰度夏电力供应工作；汛末主要流域梯级水电站蓄能较为充足，监测水电站蓄能 2064 亿 kW·h，较 2022 年同期多 285 亿 kW·h，同比偏多 16.0％，为冬春枯水期电力保供提供良好条件。

抽水蓄能午间抽水需求逐步提升，促进新能源开发消纳作用增强

2023 年，中国抽水蓄能机组总体以"两抽两发"运行模式为主。 从区域来看，在新能源装机规模较大的华北区域午间抽水消纳新能源需求已经显著高于夜间抽水填谷需求；东北区域午间抽水需求也较高；华

东、华中、南方区域午间抽水次数与夜间抽水次数差距在逐步减小。 从功能来看，全年抽水蓄能机组共 7090 台次参与调频，有效应对电力系统日益增长的灵活调节需求；抽水调相工况旋转备用达 2216 台次。 整体来看，抽水蓄能电站抽发电量同比增长均超过 17.9%，抽水启动次数同比增长 18.2%，发电启动次数同比增长 10.0%，有效保证电力安全可靠供应，发挥了电力保供生力军作用。

5.2 风电

2023 年，中国风电发电量达
8858 亿 kW·h

风电发电量在电力供应结构中比重持续提升

2023 年，中国风电发电量达 8858 亿 kW·h，同比增长 16.2%，占全部电源年总发电量的 9.5%，较 2022 年提高 0.7 个百分点。 内蒙古、河北、新疆、山西、江苏、山东、甘肃、河南、辽宁、广东 10 省份风电年发电量超过 300 亿 kW·h，合计约占全国风电发电量的 64.7%。 其中，甘肃、辽宁、山东、内蒙古、山西等省份风电发电量在本省（自治区）总发电量中比重有较大提升，分别提升 3 个、2.8 个、1.5 个、1.3 个和 1 个百分点。 山东、浙江、广东等沿海省份积极推进海上风电建设，作为绿色电力保障、能源低碳转型的重要途径。 2014—2023 年中国风电年发电量及占比变化趋势如图 5.4 所示。

图 5.4　2014—2023 年中国风电年发电量及占比变化趋势

年平均利用小时数与上年基本持平

2023 年，中国风电年平均利用小时数 2225h，与 2022 年基本持平。 受益于年均风速同比增长，中国 16 个省（自治区、直辖市）风电年平均利用小时数较 2022 年有所增长，西藏、四川、天津年平均利用小时数增

2023 年，中国风电年平均利用小时数
2225h

长较多，分别增长 428h、278h、237h，位居全国前 3 位；在年平均利用小时数较高省份中，西藏 3472h、福建 2880h、四川 2564h，位居全国前 3 位。 2014—2023 年中国风电年平均利用小时数统计如图 5.5 所示。

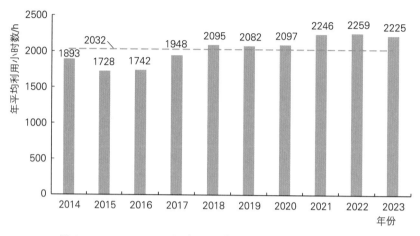

图 5.5　2014—2023 年中国风电年平均利用小时数统计

利用率持续保持较高水平

2023 年中国风电平均利用率
97.3%

受益于全社会用电量稳步增长、电力系统调节能力持续提升、新能源开发布局持续优化等，2023 年中国风电平均利用率 97.3%，较 2022 年提高 0.5 个百分点，继续保持较高水平。 其中，内蒙古、青海、甘肃、新疆、吉林等省份利用率相对偏低，但较 2022 年均有不同程度改善。 特别是内蒙古东部地区受系统调节能力提升、外送电量增长等因素影响，年平均利用率达到 96.7%，同比提升 6.7 个百分点。 2014—2023 年中国风电累计并网装机容量及年利用率变化趋势如图 5.6 所示。

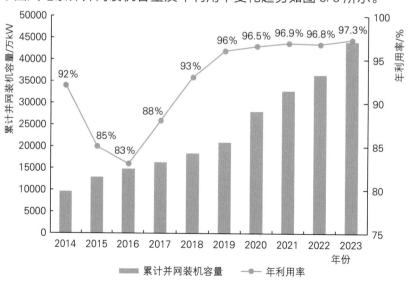

图 5.6　2014—2023 年中国风电累计并网装机容量
及年利用率变化趋势

5.3 太阳能发电

2023 年，中国太阳能
年发电量达

5833 亿 kW·h

太阳能发电量在电力供应结构中比重显著提升

2023 年，中国太阳能年发电量达 5833 亿 kW·h，同比增长 36.4%，占全口径发电量的 6.3%，较 2022 年提升 1.4 个百分点。 其中，光伏发电量达到 5823 亿 kW·h，同比增长 37.0%。 分布式光伏发电量快速增长，达到 2232 亿 kW·h，同比增长 55.4%；华北、华东和华中地区分布式光伏发展迅速，三个地区总发电量约占分布式光伏总发电量的 87.1%。 2014—2023 年中国光伏发电量及占比变化趋势如图 5.7 所示。

图 5.7　2014—2023 年中国光伏发电量及占比变化趋势

年平均利用小时数与上年基本持平

2023 年太阳能发电年平均
利用小时数

1286h

2023 年，中国太阳能资源总体为偏小年景，全国平均年水平面总辐照量较近 10 年平均值和 2022 年值均偏小，太阳能发电年平均利用小时数 1286h，较 2022 年减少 54h，仍高于"十三五"以来平均值 1255h。 新疆、陕西、西藏、山东、黑龙江、浙江等省份年平均利用小时数较 2022 年降幅较大，广西、海南、贵州等省份年平均利用小时数较 2022 年有一定增加。 2016—2023 年中国太阳能发电年平均利用小时数统计如图 5.8 所示。

装机快速增长的同时利用率持续保持较高水平

2023 年中国光伏发电实现
年平均利用率

98%

2023 年中国光伏发电在新增装机突破 2 亿 kW 的情况下，实现年平均利用率 98%，与 2022 年基本持平。 受益于全社会用电量稳步增长、电力系统调节能力持续提升等，中国光伏发电年平均利用率持续保持较

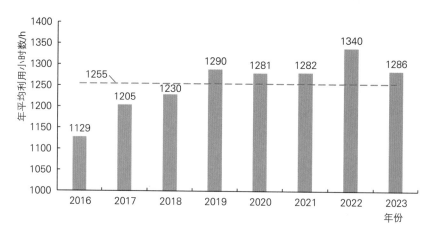

图 5.8　2016—2023 年中国太阳能发电年平均利用小时数统计

高水平。 山东、青海等省份在光伏发电装机容量大规模增长的同时，实现了年平均利用率有所提升；甘肃、河南、陕西等省份由于新增光伏发电装机规模较大等因素影响，年平均利用率有所降低。 2016—2023 年中国光伏发电累计并网装机容量及年利用率变化趋势如图 5.9 所示。

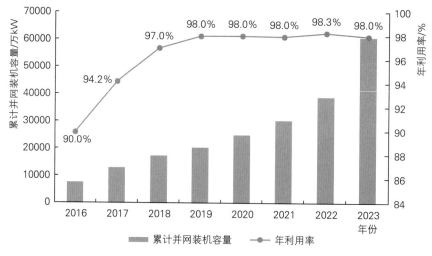

图 5.9　2016—2023 年中国光伏发电累计并网
装机容量及年利用率变化趋势

5.4 生物质能

2023 年中国生物质发电
年发电量达到

1980 亿 kW·h

发电量保持平稳增长

2023 年中国生物质发电年发电量达到 1980 亿 kW·h，同比增加 8.5%，约占全部可再生能源年发电量的 6.7%。 其中，农林生物质发电年发电量为 550 亿 kW·h，同比增长 6.4%；生活垃圾焚烧发电年发电量为 1394 亿 kW·h，同比增长 9.9%；沼气发电年发电量为 36 亿 kW·h，同比降低 10.0%。 2019—2023 年生物质发电年发电量变化趋势如图 5.10 所示。

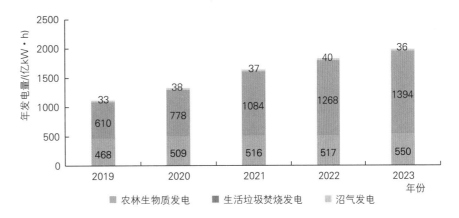

图 5.10　2019—2023 年生物质发电年发电量变化趋势

年发电小时数保持稳定

2023 年生物质发电年平均利用小时数 4626h，较 2022 年增加 54h。其中，农林生物质发电、生活垃圾焚烧发电年平均利用小时数分别为 3262h、5591h，同比增加 2.0% 和 2.5%；沼气发电年平均利用小时数 2483h，同比降低 23.2%。沼气发电年平均利用小时数下降原因一是中国生活垃圾处理逐步进入"全焚烧零填埋"时代，垃圾填埋气产气量下降；二是随着沼气制氢、供热等利用场景日益丰富，沼气发电利用规模逐步降低。2019—2023 年生物质发电年平均利用小时数统计如图 5.11 所示。

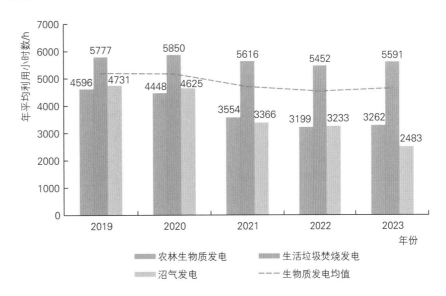

图 5.11　2019—2023 年生物质发电年平均利用小时数统计

6 产业技术发展

2023 年，中国坚持技术创新引领，持续推动可再生能源技术进步和产业发展。水电工程在勘测设计、施工安装、装备制造和智能化应用等多个方面取得了显著的技术突破；风电装备制造—勘测设计—施工安装—运维产业体系持续完善，平台服务产业实现了提质降本；光伏产业规模不断扩大，装备制造技术持续提升；光热技术已基本形成自主知识产权体系，整体技术能力达到国际先进水平；生物质发电和非电利用技术持续提升，规模化应用不断拓展；新型储能技术不断涌现，技术路线呈现多样化发展。

6.1
常规水电
和抽水蓄能

先进的勘测技术和装备为复杂建设条件下水电工程提供了坚实的技术支持

水电行业千米级垂直钻孔技术日趋成熟，800m 级、1000m 级超深水平钻探技术也实现了行业内的重大突破。综合应用钻探、洞探等重型勘探技术和高频大地电磁测深（EH4）、可控源大地电磁法（CSAMT）等地球物理勘探技术，为新形势下抽水蓄能电站工程地质信息的掌握提供了有力支撑，广泛应用于活动断裂、岩溶等复杂工程地质问题的勘探，有效提高了地质勘探的精度和效率。同时，采用大地电磁、微动以及 TCT 等综合预报技术在地下洞室超前地质预报中取得了良好的效果。

面向青藏高原地区复杂建设条件，通过创新引领，实现重大水电工程建设技术新突破。叶巴滩、拉哇、双江口、玛尔挡等重大水电工程位于青藏高原的边沿地带，海拔均超 2500m，面临高寒、高海拔、复杂地质条件、高坝、高边坡、高地应力等多项技术难点，通过科技攻关，解决高温差自然环境下混凝土拱坝冬季连续浇筑、深厚软弱覆盖层地基处理等难题，采用无人碾压、智能温控、智能灌浆等智能建造手段，在 2023 年均取得了标志性进展。勘测技术典型案例见专栏 1。

专栏 1　　　　勘测技术典型案例

叶巴滩工程通过"高寒高海拔高拱坝温控防裂关键问题""高寒高海拔混凝土高拱坝超长低温季连续施工智能化保障关键技术"研究工作，实现了拱坝施工全过程虚拟仿真，模拟了一整套高寒条件下的温控防裂施工方法、标准和措施体系，代表了高寒高海拔地区中国特高拱坝混凝土温控研究的最高水平，2023 年大坝浇筑破 100m。

拉哇水电站大坝基坑河床覆盖层极其深厚，其堰塞湖相沉积层具有流塑性强、承载力小、抗剪切破坏能力差等特点，围堰边坡稳定及沉降变形问题突出，围堰地基处理方案的选择是拉哇建设重大关键技术问题之一；通过大量的理论分析研究及工程调研，首次采用了超深碎石桩加固深厚软弱地基的技术方案，围堰地基处理振冲碎石桩最深 71.63m 创世界纪录；2023 年拉哇工程成功转序，大坝填筑工作已正式进入高峰期。

长斜井布置和 TBM 设备应用提高了抽水蓄能电站施工效率和安全水平

浙江天台抽水蓄能电站 1 号引水上斜井长度 483.5m，坡度 58°，采用反井法施工，综合偏斜率仅 0.67‰，远小于规范要求 1%。 河南洛宁抽水蓄能电站 1 号引水斜井是中国首次采用全断面 TBM 开挖斜井隧洞，于 2023 年 12 月中旬贯通。 湖南平江抽水蓄能电站引水隧洞采用可变径 TBM 成套设备，有望实现大坡度斜井倾角达 50°、可变径范围 6.5～8m 级隧洞掘进，兼具平洞与斜井转换的连续施工能力，该 TBM 已于 2023 年 8 月中旬始发。

TBM 设备已广泛应用于小断面洞室开挖，通过文登、宁海、洛宁、仙游木兰等十余个抽水蓄能电站的实践，小直径 TBM 技术在自流排水洞、排水廊道、施工支洞、地质勘探平洞等多种类型洞室中得到了推广，适应抽水蓄能电站高质量发展的迫切需要。"平江号"TBM 主机如图 6.1 所示。 TBM 设备应用案例见专栏 2。

图 6.1 "平江号"TBM 主机

专栏 2	TBM 设备应用案例

洛宁抽水蓄能电站 2 条引水斜井为国内首次采用 TBM 开挖斜井隧洞,其中 1 号引水斜井段于 2023 年 1 月中旬始发,2023 年 12 月中旬贯通,掘进长度 914.23m,坡度 36.24°,开挖直径 7.23m,最大日进尺 16.1m,最大月进尺 171m。

乌海抽水蓄能电站进场交通洞和通风安全洞的施工导洞全长 2852m,采用 TBM 施工,2023 年 5 月贯通,最大日进尺 48m,平均月进尺 570m。

仙游木兰抽水蓄能电站主厂房主探洞长 1400m,开挖洞径 3.53m,采用 TBM 施工,历时 71 天完成掘进任务,最高月进尺达 626.69m。

技术创新和研发投入实现水电机组技术提升和新型设备标准化

针对常规梯级水电改造混合式抽水蓄能电站的需求,在水力设计方面研发了低水头、大直径、大变幅的水泵水轮机模型;实现了单机容量最大(150MW 级)冲击式水轮发电机组转轮的国产化,突破了冲击式机组水力研发技术、模型试验装置研制、转轮模态及寿命评估、转轮核心制造技术等一系列技术空白;结合能源领域首台(套)重大技术装备的重点项目,推动 300MW 及以上大容量抽水蓄能变速机组及配套辅助设备(交流励磁、协同控制器等)的研制开发;适应抽水蓄能电站的快速发展,逐步实现 428.6r/min、300MW 等级,500r/min、300MW 等级的抽蓄机组和进水球阀等设备标准化设计。装备制造典型案例见专栏 3。

专栏 3	装备制造典型案例

首台国产化 150MW 大型冲击式转轮在金窝电站成功投运
该项目构建了拥有自主知识产权的冲击式转轮研发设计制造全流程体系,掌握了大型冲击式转轮水力设计、模型试验、结构设计、制造工艺等核心技术,验证了激光熔覆等表面改性技术,标志着中国高水头大容量冲击式水电机组实现从设计、制造到运行的全面自主化。

扎拉水电站 500MW 冲击式水轮发电机组的转轮轮毂锻件成功下线
目前世界最大规格的马氏体不锈钢转轮锻件的成功研制,为解决超大型冲击式转轮制造"卡脖子"技术难题提供了技术支撑。同时,通过开发大型复杂曲面水斗模锻成形技术,解决了水斗锻件快速制坯和成形的技术难题。

低水头段抽水蓄能电站水泵水轮机的水力研发取得一定进展
两河口混合式抽水蓄能电站机组扬程水头变幅约 1.38,魏家冲混合式抽水蓄能电站机组扬程水头变幅约 1.32,潘口混合式抽水蓄能电站机组扬程水头变幅约 1.45,部分项目机组扬程水头变幅突破了已有工程经验。厂家通过优化设计,在水力研发时兼顾到效率与稳定性,尤其高扬程的驼峰、低水头的 S 区、空化及压力脉动等,对低水头大变幅水泵水轮机水力设计时效率、空化、压力脉动及 S 特性等几种因素的相互掣肘进行了深入的研究。

中国开始大容量交流励磁变速抽水蓄能机组设计
广东肇庆浪江抽水蓄能电站单机容量 300MW 交流励磁变速抽水蓄能机组由东方电机有限公司设计制造，广东惠州中洞抽水蓄能电站单机容量 400MW 交流励磁可变速机组由哈尔滨电机厂有限责任公司设计制造。

中国首套抽水蓄能机组成套开关设备通过产品鉴定
梅州抽水蓄能电站配套设备发电机断路器、电气制动开关及换相隔离开关、启动回路隔离开关运行一年并通过行业鉴定，综合性能指标达到国际领先水平。

抽水蓄能高压钢管首次使用国产 1000MPa 级钢板
辽宁清原抽水蓄能电站 1000MPa 级压力钢管焊接工艺研究取得成功，目前 1000MPa 级压力钢管已制作安装完成。

智能化建设创新应用实现工程全生命周期数字化管控

筑坝方面，叶巴滩水电站拱坝混凝土施工全过程采用智能浇筑、智能温控技术，在国内首次实现高海拔寒冷地区冬季低温期混凝土连续浇筑。拉哇水电站面板堆石坝建立智能大坝系统，首次全过程应用无人驾驶碾压技术，实现大坝施工过程智能感知、分析、反馈控制和智能无人驾驶碾压机群协同作业。双江口水电站首次提出了大型地下工程建设的智能感知、真实分析、动态馈控协同响应理论以及成套关键技术，初步建立了大型地下工程施工过程精细化管控的预警指标体系。硬梁包水电站针对坝基处理研发应用了智能振冲技术，有效提升了振冲桩质量管理控制水平，推动了基础处理施工技术进步和智能化转型。

智能化管理应用推动抽水蓄能电站运行管理的集约化和智能化

中国首个以抽水蓄能电站为主体的多厂站集控中心于 2023 年 7 月 5 日投入正式运行，可远程监控清蓄等 7 座抽水蓄能电站和鲁布革等 2 座常规调峰水电站，总容量 12200MW。相对于电站属地化的分散监控运行方式，集控中心预计可将监管效率提高 2～3 倍，为提高我国抽水蓄能电站群运行管理的集约化、智能化水平进行了实践和探索。此外，仙居、桐柏等抽水蓄能电站也在积极推动数字化智能化试点工作。

6.2 风电

风电机组向大型化方向持续推进

在单机容量方面，2023 年陆上风电新增装机平均单机容量为 5.5MW，主流机型单机容量超过 7MW，最大下线机组容量为 11MW；海上风电新增装机平均单机容量为 9.5MW，主流机型单机容量超过 10MW，最大下线机组容量为 20MW，福建省平潭外海海上风电场 16MW 海上风电机组是全球已投产的最大单机容量海上风电机组。 在叶轮直径及轮毂高度方面，陆上风电新增装机最大叶轮直径达到 210m 以上，平均和最高轮毂高度分别达到 140m、185m；海上风电新增装机最大叶轮直径达到 250m 以上，平均和最高轮毂高度分别达到 132m、152m。2019—2023 年风电机组单机容量变化趋势如图 6.2 所示。

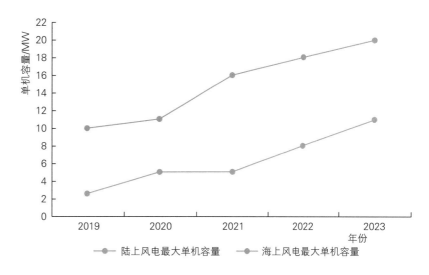

图 6.2　2019—2023 年风电机组单机容量变化趋势

整机技术和生产制造能力不断增强

2023 年中国大容量风电机组主轴轴承、大功率齿轮箱和百米级叶片等关键部件技术持续突破，中国首台 18MW 海上风电主轴轴承顺利下线。 中国风电机组整机供应能力超过 8000 万 kW，完全满足装机需求。针对中国风电机组不同运行环境特点，头部设备制造厂家研发了低风速型、低温型、抗台风型、高海拔型等系列化风电机组，风电可开发平均风速低于 5m/s、海拔高度突破 4500m，扩大了中国风能资源可开发范围。

电网主动支撑能力逐步探索提升

构网型风电机组示范应用，河北省张家口市康保"以大代小"风电平价示范项目安装 5 台 6MW 构网型风电机组,该项目是中国首个构网型风电机组批量示范应用项目,迈出了构网型风电机组从技术开发到批量应用的关键一步,在提高新能源电网支撑能力、提升区域新能源消纳水平等方面具有创新示范作用。

风电勘测—设计—施工—运维产业体系持续健全

一是工程勘测设计水平不断进步,陆上超高塔筒、超高海拔风电场勘测设计技术进步较快,西藏那曲欧玛亭嘎风电场全容量投产,场址平均海拔达到 4650m;海洋新能源综合勘测平台、大容量海上风电机组、海上升压站和海缆勘测设计技术取得突破性进展,中国首座深远海浮式风电平台"海油观澜号"在海南文昌海域并网投产。 二是机组吊装、海缆敷设、运维船舶等装备环节不断补强,全回转起重船"海峰 2001"顺利下水,满足 15MW 以上风电机组及桩基础、升压站及大型海上工程结构物的吊装需求;中国最大海缆施工船"启帆 19 号"正式投运;亚洲首制的两艘风电运维母船在江苏启东下水,填补了中国海上风电运维领域空白。

测试验证平台助力产业高质量发展

风电产业关键部件的大型公共测试验证平台相继落地,射阳新能源基地建成投运的叶片测试检测平台可满足 200m 级叶片全尺寸测试。 汕头启动 40MW 级风电机组电气及动力学六自由度实验平台建设,可为 15~35MW 容量的风电机组提供贴近实际工况的实验环境,同时将风电机组绝大多数力学和电气性能测试验证从成本高昂的海上移至陆上,显著降低研发成本。

6.3
太阳能发电

光伏产业规模持续壮大

2023 年,中国光伏制造端多晶硅、硅片、电池、组件产量均有较大增长,同比涨幅均超过 60%。 其中,多晶硅产量 143 万 t,同比增长 66.9%;硅片产量 622GW,同比增长 67.5%;电池片产量 545GW,同比增长 64.9%;组件产量 499GW,同比增长 69.3%。 2010—2023 年中国光伏组件产量如图 6.3 所示。

多晶硅能耗持续降低

2023 年,随着生产装备技术提升、系统优化能力提高、生产规模扩大,中国多晶硅企业综合能耗平均值 8.1kgce/kg‑Si,同比下降

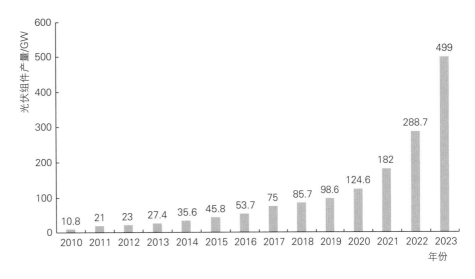

图 6.3　2010—2023 年中国光伏组件产量

8.99％；综合电耗下降至 57kW·h/kg‑Si，同比下降 5％；行业硅耗在 1.08kg/kg‑Si 左右，同比下降 0.92％。

硅片切片厚度进一步下降

不同电池工艺路线的最佳硅片厚度持续下降。2023 年，多晶硅片平均厚度为 170μm；P 型单晶硅片平均厚度为 150μm，较 2022 年下降 5μm。用于 TOPCon 电池的 N 型单晶硅片平均厚度为 125μm，较 2022 年下降 15μm；用于异质结电池的硅片厚度为 120μm，较 2022 年下降 5μm。硅片薄片化有利于光伏发电成本降低，但可能对下游电池及组件环节碎片率增大带来一定影响。

电池市场技术路线结构逐步转换

2023 年，新投产量产产线以 N 型产线为主，随着 N 型电池片产能陆续释放，2023 年电池出货量中 P 型 PERC 电池市场份额被压缩至 73.0％，N 型电池片占比合计达到 26.5％，较 2022 年提升 17.4 个百分点，其中 N 型 TOPCon 电池市场占比约为 23.0％，异质结电池市场占比约为 2.6％，市场主流电池技术路线结构逐步发生转变。各类电池片市场份额占比如图 6.4 所示。

晶硅电池转化效率持续提升

2023 年量产 P 型单晶电池均采用 PERC 技术，平均转换效率较 2022 年提高 0.2 个百分点，达到 23.4％。N 型 TOPCon 电池平均转换效率较

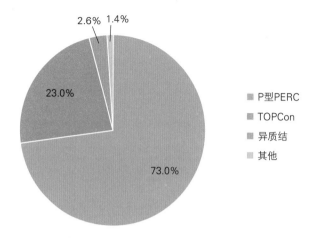

图 6.4　各类电池片市场份额占比

2022 年提高 0.5 个百分点，达到 25.0%，中国企业创造的实验室最高纪录为 26.3%，异质结电池产业化平均转换效率较 2022 年提高 0.6 个百分点，达到 25.2%，中国企业创造的实验室最高纪录为 27.1%；IBC 电池平均转换效率达到 24.5%，较 2022 年提高 0.4 个百分点。2016—2023 年中国晶体硅电池转换效率变化趋势如图 6.5 所示。

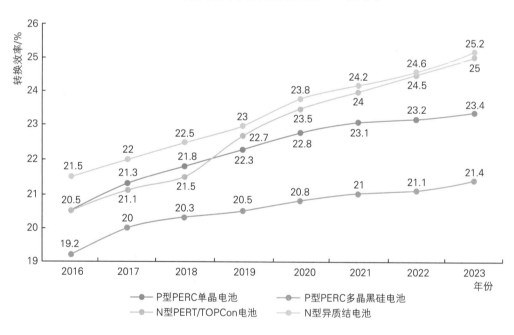

图 6.5　2016—2023 年中国晶体硅电池转换效率变化趋势

薄膜电池技术升级持续推进

2023 年碲化镉（CdTe）电池量产组件平均效率达到 15.8%，较 2022 年提升 0.3 个百分点；铜铟镓硒（CIGS）电池玻璃基板组件与柔性组件平均转换效率分别达到 16.5% 和 16.3%，分别与 2022 年持平和上升 1.3

个百分点。 Ⅲ-Ⅴ族薄膜电池具有高成本与高效率的特点，主要用于空间领域，其中主流的三结电池研发平均转换效率为 36.9%，较 2022 年上升 0.9 个百分点。 中国小面积钙钛矿电池实验室最高转换效率达到 26.1%，较 2022 年上升 0.5 个百分点；玻璃基中试组件最高转换效率达到 20.6%，较 2022 年上升 2.4 个百分点，玻璃基量产组件最高转换效率为 18.2%。 钙钛矿-晶硅叠层电池最高转换效率 33.9% 的世界纪录目前由中国企业保持。

组件功率稳步提升

2023 年，双面组件市场占比进一步提升至 67%，较 2022 年提高 26.6 个百分点。 组件拼接方式方面，半片组件市场占比进一步提升至 97.1%，较 2022 年提高 4.7 个百分点。 不同尺寸组件功率均有提升。 采用 166mm 尺寸 72 片 PERC 单晶电池的组件功率达到 460W；采用 182mm 尺寸 72 片 PERC 单晶电池的组件功率达到 555W；采用 210mm 尺寸 66 片的 PERC 单晶电池的组件功率达到 665W，均较 2022 年有 5W 左右的提升。 采用 182mm 尺寸 72 片 TOPCon 单晶电池组件功率达到 580W，较 2022 年上升 10W 左右。 采用 210mm 尺寸 66 片异质结电池组件功率达到 710W，较 2022 年上升 20W 左右。

光热整体技术能力跻身国际先进行列

光热发电产业链长，中国光热相关配套企业约 600 家，具备每年 300 万 kW 以上光热电站开发建设的产能支撑能力。 中国自主知识产权的产业链核心装备已经得到大规模发展和应用，示范项目设备材料国产化率超过 90%，其余设备的国产化已在稳步推进中。 光热发电关键设备较示范项目期间技术有所提升，"双塔一机"塔式光热发电技术和大开口槽式集热器技术可有效提升发电效率，光热电站单体规模由示范项目的 50MW/100MW 向 200MW 及更大容量机组发展。 并网投运项目发电水平显著提升，2023 年内蒙古乌拉特中旗 10 万 kW 导热油槽式光热发电示范项目发电小时数达 3300h；青海省德令哈 5 万 kW 塔式光热发电示范项目并网 3 年左右年发电量即达到设计值，优于国际同类项目。

6.4 生物质能

生物质发电和供热技术水平不断提升

国产化锅炉技术不断进步，540℃、5.88MPa 以上的高温高压、高温超高压锅炉普遍应用。 优质耐腐蚀材料广泛应用于锅炉受热面，锅炉使用寿命显著提高。 发电机组利用效率提高到 37% 左右，达到世界先进水平。 生物质热电联产、成型燃料锅炉供热等技术在工商业供热、居民供暖领域已实现规模化应用，具有"零碳"供热优势。

生物天然气技术国产化进程持续推进

中国积极推进原料预处理系统、发酵系统、提纯系统等生物天然气核心装备国产化发展。 泵、阀、风机、管道、结构件等通用装备，基本全部实现国产化。 国产移动进料机、混合搅拌罐、沼气净化提纯等专用装备已完成国产化应用试点，正在开展整体稳定性及经济性提高研究，推动产业化应用。

生物质能综合利用技术持续创新

在生物质制氢领域，气化化学链制氢、气化膜分离制氢等生物质制氢工艺技术研究取得新突破，部分工艺已实现中试连续制氢。 在生物质制甲醇领域，绿氢耦合生物质制甲醇技术（绿氢 + 生物质）已进入产业化示范阶段。 在生物航煤领域，中国成为世界少数几个拥有生物航煤自主研发生产技术并成功商业化的国家，生物航煤在国际货运航班实现商业化应用。

6.5
新型储能

锂离子电芯单体规模和技术性能进一步提升

300Ah + 锂离子电池密集推出，加速替代 280Ah 电芯，电池企业同时布局 500Ah +、600Ah + 乃至 1000Ah 更大容量的储能电池。 在技术性能提升方面，磷酸铁锂的电芯能量密度可达到 160Wh/kg，转换效率普遍提高至 85%，循环寿命基本在 6000 次以上，部分厂家的电芯产品循环寿命可达 10000 次以上。 在安全性能提升方面，液冷方式全面取代风冷成为新建储能电站主流冷却方式，浸没式等新型冷却方式逐步推广，安全性能不断提升。

构网型储能示范应用取得实质性进展

电网公司、发电集团、设备提供商等多家企业已开展构网型储能技术的研究、试验及示范工程工作。 青海共和济贫光伏电站首次实现构网型光储系统并网性能现场测试，对光储系统在弱电网暂态工况下的调频调压特性进行了全面对比和实证研究。 内蒙古电网额济纳地区"源网荷储"微电网示范工程竣工，成功构建了以构网型储能为核心技术，多能互补、源荷互动的中国首个广域离网纯新能源电力系统，并获得了全球能源电力绿色转型创新实践案例 2023 等多个奖项。

压缩空气储能核心设备实现示范应用

大型压缩机研制方面，300MW 级综合多变效率约 90% 的大型透平式压缩机组完成开发。 张北压缩空气储能电站百兆瓦级压缩机通过第三方测试，最高排气压力 100bar、变工况范围 18% ～ 118%、最高效率 87.5%，达到国际领先水平。

在膨胀机方面，先后攻克了全三维设计、复杂轴系结构、动态调节与控制等关键技术难题。 国际首套 300MW 级先进压缩空气储能系统膨胀机应用于山东肥城压缩空气储能电站，在 8 月完成集成测试并顺利下线，11 月完成倒送电，该项目正式进入带电调试阶段。 湖北应城压缩空气储能电站安装的 300MW 空气透平膨胀机，采用单列方案，空气透平效率达到 92% 以上，2023 年年底完成扣盖作业。

电机方面，全球首套 300MW 级压缩空气储能大容量电机应用于湖北应城压缩空气储能电站，功率范围涵盖 20～150MW，电压等级 10～15.75kV，可实现各种容量等级储能应用电驱功率全覆盖。

6.6
地热能

深部地热钻井和长距离水平钻井技术取得突破

中国地热能开发钻井技术向深部发展，迈向 5000m 深部地下空间；长距离水平钻井技术取得明显进展，实现水平井与直井千米交汇对接。国家重点研发计划配套工程——琼北深层地热（干热岩）福深热 1 井在海南海口开钻，该井钻探设计井深 5000m，是中国目前最深的地热探井。 松辽盆地第一对 U 型地热井组"朝热 R3 – U1 井组"顺利完井，实现了该盆地最深储层、最高温度的水平井与直井千米交汇对接。

地热能发电装备和试验取得创新性成果

装备方面，依托中核西藏谷露地热发电一期工程项目，实现 20MW 等级双工质地热能发电装备突破，列入第三批能源领域首台（套）重大技术装备（项目）。 发电试验方面，重力热管蒸气直驱地热能发电系统试车成功，干热岩热伏发电开展创新试验。 河北省雄安新区安新县超长重力热管蒸气直驱地热能发电系统试车成功，在有效避免中间过程能量损失及腐蚀结垢问题方面取得阶段成果。 青海共和盆地开展干热岩单井采热–热伏发电系统联合试验，单井 72h 平均采热功率达到 1MW，系统最大采热率提高近 4 倍，平均采热率提高 2 倍以上，极限工况下（热端温度 69.7℃，冷端温度 5.0℃）热伏电机极限发电能力达到 1290.8W。

6.7 氢能

电解槽大型化、高效化发展持续推进

在大型化方面，中国电解槽单槽最大制氢量呈不断上升趋势，碱性电解槽单槽最大制氢量达到 3000Nm³/h，PEM 电解槽最大单槽产氢量达到 400Nm³/h，德令哈、长春两项 200Nm³/h 电解水制氢系统示范工程获评为"2023 年度能源行业十大科技创新成果"之一。 在灵活高效方面，前沿碱性电解槽设备电耗降至 3.9kW·h/Nm³·H_2，负荷调节范围达到 25%～110%，前沿 PEM 电解槽电耗降至 4.3kW·h/Nm³·H_2，负荷调节范围达到 10%～120%。

储氢技术向高能量密度方向持续发展

气态储氢方面，持续向高压力发展，Ⅳ型储氢瓶技术逐渐成熟，70MPa Ⅳ型储氢瓶的质量储氢密度突破 6wt% 水平，部分达到 6.8wt%。固态储氢方面，继稀土基储氢技术在轻型交通领域实现产业化后，镁基储氢在长距离输氢领域首次实现产业化落地，储输运车储氢容量达到约 1.2t。 液态储氢方面，中国首套 10t 级氢气液化装置在山东临淄开工，液氢储运槽车和液氢加氢站技术应用同步突破，低温液氢技术进入示范应用准备阶段；有机液氢技术示范应用加速，首次在加氢站、建筑供热等场景落地一体化应用项目。

管道输氢开展规模化远距离应用试验示范

在天然气掺氢方面，掺氢比例不断突破，高压远距离纯氢管道加快应用。 宁夏银川宁东天然气掺氢管道示范平台，天然气管线掺氢比例已逐步达到 24%，中国首次全尺寸掺氢天然气管道封闭空间泄漏燃爆试验成功实施，最大掺氢比例 30%；中国首条掺氢高压输气管道工程包头—临河输气管道工程正式开工，管道全长 258km。 纯氢管道方面，向高压力、长距离方向持续推进，6.3MPa 氢气充装、9.45MPa 管道爆破试验通过测试，内蒙古乌兰察布—北京输氢管道示范工程纳入《石油天然气"全国一张网"建设实施方案》，为中国首条跨省区、大规模、长距离纯氢输送管道工程。

火电掺氢（氨）实现大机组验证

中国煤电掺氨试验机组容量达到 600MW，气电掺氢试验机组容量达到 325MW。 湖北荆门燃机项目实现全球首次商业天然气机组掺氢燃烧试验，机组具备纯天然气、天然气掺氢两种运行模式。 广东台山电厂600MW 燃煤发电机组实施高负荷发电工况下煤炭掺氨燃烧试验，成为国内外完成掺氨燃烧试验验证的最大容量机组。 中国实现大 F 重型在运燃机掺氢技术自主升级及示范验证，掺氢比例 7%，测试过程设备运行稳定。

6.8
海洋能

多种海洋能技术在系统规模、技术成熟度、技术先进性等方面取得了瞩目成就，在兆瓦级漂浮式波浪能发电平台、新型后弯管式波浪能发电机理、小温差宽负荷温差能发电透平等多个技术方向取得了引领性的研发成就。"南鲲"号波浪能发电系统实现了漂浮振荡体式波浪能发电装置从百千瓦级向兆瓦级的跨越，突破了大型半潜平台捕能系统及液压能量转换系统高效可靠运行、波浪能海岛供电等多项关键技术，成功实现为三沙永兴岛供电。"华清号"波浪能发电船开辟了中国大容量气动式波浪能发电装置新的技术路线，在高效宽频波浪能俘获技术、新式 U型流道空气透平系统等方面建立了具有完全自主知识产权的核心技术体系。 20kW 海洋漂浮式温差能发电装置完成了中国温差能发电首次深海试验，验证了海洋温差能发电的实用性，最大发电功率达到 16.4kW，有效发电利用率达到 17.7%。

7 政策要点

可再生能源政策为中国可再生能源发展提供了重要依据和指导。
水电方面，组织开展抽水蓄能发展需求论证，印发相关技术要求，核定
抽水蓄能电站容量电价，规划水风光一体化基地。新能源方面，强调加
快构建新型能源体系，推进电力市场建设，完善"权重+绿证"制度，
并加强行业管理。此外，鼓励产业技术创新，推动标准体系的完善，以
及新能源与其他行业的融合发展。

7.1
综合政策

加快构建新型能源体系

2023年4月，国家能源局印发《2023年能源工作指导意见》（国能
发规划〔2023〕30号），提出深入推进能源革命，加快规划建设新型能
源体系，着力增强能源供应链的弹性和韧性，提高安全保障水平；着力
壮大清洁能源产业，加快推动发展方式绿色转型。明确结构转型目标，
非化石能源占能源消费总量比例提高到18.3%左右；非化石能源发电装
机占比提高到51.9%左右，风电、光伏发电量占全社会用电量的比例达
到15.3%；稳步推进重点领域电能替代。

2023年6月，国家能源局印发《新型电力系统发展蓝皮书》，全面
阐述新型电力系统安全高效、清洁低碳、柔性灵活、智慧融合四大重要
特征，制定新型电力系统加速转型期（当前至2030年）、总体形成期
（2030—2045年）、巩固完善期（2045—2060年）"三步走"发展路径，
并提出构建新型电力系统的总体架构和重点任务。

加快推进电力市场建设

2023年1月，国家发展和改革委员会（以下简称国家发展改革委）
办公厅印发《关于进一步做好电网企业代理购电工作的通知》（发改办价
格〔2022〕1047号），提出逐步优化代理购电制度，各地要适应当地电
力市场发展进程，鼓励支持10kV及以上的工商业用户直接参与电力市
场，逐步缩小代理购电用户范围。

2023年1月，国家能源局印发《2023年能源监管工作要点》（国能
发监管〔2023〕4号），明确2023年要深入推进全国统一电力市场体系
建设，进一步发挥电力市场机制作用，深化电力市场秩序监管。不断扩
大新能源参与市场化交易规模，完善辅助服务市场机制，建立健全用户
参与的辅助服务分担共享机制，推动虚拟电厂、新型储能等新型主体参
与系统调节。

2023年9月，国家发展改革委、国家能源局联合印发《电力现货市场基本规则（试行）》（发改能源规〔2023〕1217号），规范电力现货市场的建设与运营。这是中国电力市场建设的里程碑事件，标志着电力现货市场已从试点探索过渡到全面统一推进阶段，进一步完善了中国电力市场体系。

2023年11月，国家发展改革委、国家能源局印发《关于进一步加快电力现货市场建设工作的通知》（发改办体改〔2023〕813号），要求在确保有利于电力安全稳定供应的前提下，有序实现电力现货市场全覆盖。提出在分布式新能源装机占比较高的地区，推动分布式新能源上网电量参与市场，探索参与市场的有效机制；同时通过市场化方式形成分时价格信号，推动储能、虚拟电厂、负荷聚合商等新型主体在削峰填谷、优化电能质量等方面发挥积极作用，探索"新能源＋储能"等新方式。

进一步完善绿证等制度

2023年2月，国家发展改革委、财政部、国家能源局印发《关于享受中央政府补贴的绿电项目参与绿电交易有关事项的通知》（发改体改〔2023〕75号），提出享受国家可再生能源补贴的绿色电力，参与绿电交易时高于项目所执行的煤电基准电价的溢价收益等额冲抵国家可再生能源补贴或归国家所有；发电企业放弃补贴的，参与绿电交易的全部收益归发电企业所有。由国家保障性收购的绿色电力可统一参加绿电交易或绿证交易；参与电力市场交易的绿色电力由项目单位自行参加绿电交易或绿证交易。

2023年8月，国家发展改革委办公厅、国家能源局综合司印发《关于2023年可再生能源电力消纳责任权重及有关事项的通知》（发改办能源〔2023〕569号），提出各省级行政区域可再生能源电力消纳责任权重完成情况以实际消纳的可再生能源物理电量为主要核算方式，各承担消纳责任的市场主体权重完成情况以自身持有的可再生能源绿色电力证书为主要核算方式。各省级能源主管部门会同经济运行管理部门要切实承担牵头责任，按照消纳责任权重积极推动本地区可再生能源电力建设，开展跨省跨区电力交易，制定本行政区域可再生能源电力消纳实施方案，切实将权重落实到承担消纳责任的市场主体。

2023年8月，国家发展改革委、财政部、国家能源局联合印发《关于做好可再生能源绿色电力证书全覆盖工作促进可再生能源电力消费的通知》（发改能源〔2023〕1044号），要求规范绿证核发，对全国风电（含分散式风电和海上风电）、太阳能发电（含分布式光伏发电和光热发电）、常规水电、生物质发电、地热能发电、海洋能发电等已建档立卡的可再生能源发电项目所生产的全部电量核发绿证，实现绿证核发全覆盖。

推动《可再生能源法》修订

2023 年 9 月，新华社受权发布《十四届全国人大常委会立法规划》，共 130 件，包含三类。 其中，第一类项目共 79 件，均为条件比较成熟、任期内拟提请审议的法律草案，与新能源电力相关性较强的法律包含：新起草的《国土空间规划法》《能源法》和修订的《可再生能源法》。

推动完善标准体系

2023 年 4 月，国家标准化管理委员会、国家发展改革委、工业和信息化部等 11 部门印发《碳达峰碳中和标准体系建设指南》（国标委联〔2023〕19 号），对水力发电、风力发电、光伏发电、光热利用、生物质能、氢能、海洋能、地热能等领域均提出标准制修订任务。

2023 年 7 月，国家标准化管理委员、国家发展改革委、工业和信息化部、生态环境部、应急管理部、国家能源局等六部门联合印发《氢能产业标准体系建设指南（2023 版）》（以下简称《指南》），这是国家层面首个氢能全产业链标准体系建设指南。《指南》明确近三年国内国际氢能标准化工作重点任务，系统构建氢能制、储、输、用全产业链标准体系，涵盖基础与安全、氢制备、氢储存和输运、氢加注、氢能应用五个子体系。《指南》旨在贯彻落实国家关于发展氢能产业的决策部署，充分发挥标准对氢能产业发展的规范和引领作用。

2023 年 8 月，工业和信息化部、科技部、国家能源局、国家标准化管理委员会四部门印发《新产业标准化领航工程实施方案（2023—2035 年）》（工信部联科〔2023〕118 号），提出研制光伏发电、光热发电、风力发电等新能源发电标准，优化完善新能源并网标准，研制光储发电系统、光热发电系统、风电装备等关键设备标准。

积极推进温室气体自愿减排

2023 年 10 月，生态环境部办公厅印发《关于印发〈温室气体自愿减排项目方法学 造林碳汇（CCER－14－001－V01）〉等 4 项方法学的通知》，发布了造林碳汇、并网光热发电、并网海上风力发电、红树林营造等 4 项温室气体自愿减排项目方法学。 其中，并网光热发电方法学适用于独立的并网光热发电项目以及"光热＋"一体化项目中的并网光热发电部分；并网海上风力发电方法学适用于离岸 30km 以外，或者水深大于 30m 的并网海上风力发电项目。

7.2 水电政策

关于进一步做好抽水蓄能规划建设工作有关事项的通知

2023 年 4 月，国家能源局印发《关于进一步做好抽水蓄能规划建设工作有关事项的通知》（国能综通新能〔2023〕47 号），提出要充分认识推进抽水蓄能高质量发展的重要意义，要求抓紧开展抽水蓄能发展需求论证，根据新能源发展和电力系统运行需要，科学规划、合理布局、有序建设抽水蓄能电站。

关于抽水蓄能电站容量电价及有关事项的通知

2023 年 5 月，国家发展改革委印发《关于抽水蓄能电站容量电价及有关事项的通知》（发改价格〔2023〕533 号），核定在运及 2025 年年底前拟投运的 48 座抽水蓄能电站容量电价，并进一步明确电网企业责任，要求电网企业统筹保障电力供应、确保电网安全、促进新能源消纳等，合理安排抽水蓄能电站运行。

申请纳入抽水蓄能中长期发展规划重点实施项目技术要求

2023 年 7 月，国家能源局印发《申请纳入抽水蓄能中长期发展规划重点实施项目技术要求（暂行）》（国能综通新能〔2023〕84 号），明确了申请纳入规划的前提条件，提出了申请纳入规划的具体内容要求，明确了项目申请的具体技术要求，还提出了项目招标、分期建设、多目标利用、统筹布局等重要原则。

将水土保持列为生态文明建设的核心要求

2023 年 1 月，中共中央办公厅、国务院办公厅印发《关于加强新时代水土保持工作的意见》，明确了水土保持的重要性，将其列为生态文明建设的核心要求，以实现人与自然和谐共生；2023 年 7 月，水利部办公厅印发《生产建设项目水土保持方案审查要点》（办水保〔2023〕177 号），要求严格控制地表扰动和植被损坏范围，强化表土资源保护、弃渣减量和综合利用。

关于进一步优化环境影响评价工作的意见

2023 年 9 月，生态环境部办公厅印发《关于进一步优化环境影响评价工作的意见》（环环评〔2023〕52 号），提出对水利水电项目，应重点关注生态流量泄放、过鱼、增殖放流、分层取水、栖息地保护、生态修复等措施及其落实情况。 鼓励利用卫星遥感、大数据等先进技术手段开展非现场监管，推动水利水电项目及时将生态流量、分层取水、过鱼等监测数据接入有关信息平台。

7.3
新能源政策

完善新能源行业管理

2023 年 2 月，国家发展改革委等部门印发《关于统筹节能降碳和回收利用加快重点领域产品设备更新改造的指导意见》（发改环资〔2023〕178 号），提出加快填补风电、光伏等领域发电效率标准和老旧设备淘汰标准空白，为新型产品设备更新改造提供技术依据。 完善产品设备工艺技术、生产制造、检验检测、认证评价等配套标准。

2023 年 3 月，国家能源局综合司印发《关于推动光热发电规模化发展有关事项的通知》（国能综通新能〔2023〕28 号），提出力争"十四五"期间，全国光热发电每年新增开工规模达到 300 万 kW 左右，并要求结合"沙戈荒"地区新能源基地建设，尽快落地一批光热发电项目。

2023 年 6 月，国家能源局印发《关于印发〈风电场改造升级和退役管理办法〉的通知》（国能发新能规〔2023〕45 号），提出鼓励并网运行超过 15 年或单台机组容量小于 1.5MW 的风电场开展改造升级。 并网运行未满 20 年且累计发电量未超过全生命周期补贴电量的风电场改造升级项目，按照相关规定享受中央财政补贴资金，改造升级工期计入项目全生命周期补贴年限。 改造升级完成后按照有关规定，由电网企业及时变更补贴清单，每年补贴电量按实际发电量执行且不超过改造前项目全生命周期补贴电量的 5%。

支持产业技术创新

2023 年 1 月，工业和信息化部等六部门印发《关于推动能源电子产业发展的指导意见》（工信部联电子〔2022〕181 号），其中明确扩大光伏发电系统、新型储能系统、新能源微电网等智能化多样化产品和服务供给。 指导意见提出，鼓励建设工业绿色微电网，实现分布式光伏、多元储能、智慧能源管控等一体化系统开发运行，实现多能高效互补利用。探索光伏和新能源汽车融合应用路径。同时加大新兴领域应用推广，探索开展源网荷储一体化、多能互补的智慧能源系统、智能微电网、虚拟电厂建设。

2023 年 8 月，国家发展改革委等部门印发《关于促进退役风电、光伏设备循环利用的指导意见》（发改环资〔2023〕1030 号），提出积极构建覆盖绿色设计、规范回收、高值利用、无害处置等环节的风电和光伏设备循环利用体系，补齐风电、光伏产业链绿色低碳循环发展最后一环。

推动新能源与其他行业融合发展

2023 年 3 月，国家能源局印发《加快油气勘探开发与新能源融合发展行动方案（2023—2025 年）》（国能发油气〔2023〕21 号），提出初期立足于就地就近消纳为主，大力推进陆上油气矿区及周边地区风电和光伏发电，统筹推进海上风电与油气勘探开发，加快提升油气上游新能源开发利用和存储能力，积极推进绿色油气田示范建设。各级能源主管部门要加大支持力度，对于作为油气勘探开发用能清洁替代的太阳能、风能、氢能、地热等新能源项目，优先列入各级能源发展规划。

2023 年 11 月，交通运输部印发《关于加快智慧港口和智慧航道建设的意见》（交水发〔2023〕164 号），提出鼓励"光伏＋"储能、"风电＋"储能等清洁能源多能互补及设备迭代升级。推动码头运载设备电动化，提升新能源水平运载设备比例。

2023 年 12 月，国家发展改革委、住房和城乡建设部、生态环境部印发《关于推进污水处理减污降碳协同增效的实施意见》（发改环资〔2023〕1714 号），提出在光照资源丰富地区推广"光伏＋"模式，在保证厂区建筑安全和功能的前提下，利用厂区屋顶、处理设施、开阔构筑物等闲置空间布置光伏发电设施。

2023 年 12 月，国家发展改革委、市场监管总局、工业和信息化部、生态环境部、国家能源局印发《深入实施"东数西算"工程加快构建全国一体化算力网的实施意见》（发改数据〔2023〕1779 号），提出推动数据中心备用电源绿色化。加强全链条节能管理，严格节能审查、节能监察，提升数据中心能源利用效率和可再生能源利用率。

开展试点示范

2023 年 3 月，国家能源局等部门印发《关于组织开展农村能源革命试点县建设的通知》(国能发新能〔2023〕23 号), 要求各地科学论证、因地制宜编制农村能源革命试点县实施方案, 提出建设目标和内容, 明确激励政策措施, 深入推进农村能源革命。12 月, 国家能源局等部门印发《关于公布农村能源革命试点县名单(第一批)的通知》(国能综通新能〔2023〕142 号), 确定了第一批 15 个符合条件的农村能源革命试点县。

2023 年 6 月, 国家能源局印发《关于开展新型储能试点示范工作的通知》, 提出以推动新型储能多元化、产业化发展为目标, 组织遴选一批典型应用场景下, 在安全性、经济性等方面具有竞争潜力的各类新型储能技术示范项目。

2023 年 6 月, 国家能源局印发《关于印发开展分布式光伏接入电网承载力及提升措施评估试点工作的通知》(国能综通新能〔2023〕74 号), 选择山东、黑龙江、河南、浙江、广东、福建 6 个试点省份开展分布式光伏接入电网承载力及提升措施评估试点工作, 积极评估采用新型配电网、新型储能、负荷侧响应、虚拟电厂等措施打造智能配电网, 挖掘源、网、荷、储的调节能力, 提高分布式光伏接入电网承载能力。

2023 年 8 月, 国家发展改革委等十部门印发《绿色低碳先进技术示范工程实施方案》(发改环资〔2023〕1093 号), 其中要求建设先进电网和储能示范项目, 包括先进高效"新能源 + 储能"、新型储能、抽水蓄能、源网荷储一体化和多能互补示范, 长时间尺度高精度可再生能源发电功率预测、虚拟电厂、新能源汽车车网互动、柔性直流输电示范应用。

2023 年 10 月, 国家能源局印发《关于组织开展可再生能源发展试点示范的通知》(国能发新能〔2023〕66 号), 主要支持园区、企业、公共建筑业主等用能主体, 利用新能源直供电、风光氢储耦合、柔性负荷等技术, 探索建设以新能源为主的多能互补、源荷互动的综合能源系统, 打造发供用高比例新能源示范, 实现新能源电力消费占比达到 70% 以上。

7.4 其他政策

完善规范用地管理

2023 年 4 月, 自然资源部、国家林业和草原局联合印发《关于以第三次全国国土调查成果为基础明确林地管理边界　规范林地管理的通知》(自然资发〔2023〕53 号), 要求坚持国土空间唯一性和地类唯一性, 以"三调"成果为统一底版, 以国土空间规划及"三区三线"划定成果为依据，遵循依法依规、实事求是的原则，综合考虑地类来源的合理性、合法性，科学合理明确林地管理边界，规范林地管理。

2023 年 4 月，国家林业和草原局发布 2023 年第 13 号公告，对《林草行业行政许可事项实施规范（2023 年版）》进行修改，取消"临时使用林地审批"事项中的办理行政许可收费规定，明确"临时使用林地审批"取消收费后，用地单位或个人应当按照《中华人民共和国森林法》第三十八条的规定，及时恢复植被和林业生产条件。

2023 年 7 月，自然资源部办公厅印发《关于加强临时用地监管有关工作的通知》（自然资办函〔2023〕1280 号）提出做好临时用地政策衔接，现行《土地管理法实施条例》修订颁布前，已经批准的能源、交通、水利等基础设施临时用地，使用期限已超过两年又确需继续使用的，在不改变用地位置、不扩大用地规模的条件下，经原审批机关批准可以继续使用，但总的使用期限不得超过四年。

2023 年 10 月，自然资源部利用司印发《关于衔接建设用地标准和节地评价有关工作要求的函》（自然资利用函〔2023〕164 号），提出抽水蓄能电站建设项目用地规模核算要求，并明确水库和水电工程项目淹没区用地可不开展建设项目节地评价。

2023 年 11 月，自然资源部印发《〈国土空间调查、规划、用途管制用地用海分类指南〉的通知》（自然资发〔2023〕234 号），对用地用海分类指南（试行）予以修订并正式施行，将其他草地纳入农用地管理。

2023 年 12 月，自然资源部办公厅印发《关于按照实地现状认定地类 规范国土调查成果应用的通知》（自然资办发〔2023〕59 号），提出坚持国土空间唯一性和地类唯一性，切实解决地类冲突问题。

支持用地要素保障

2023 年 4 月，自然资源部印发《关于规范和完善砂石开采管理的通知》（自然资发〔2023〕57 号），提出严格工程建设项目动用砂石的管理，经批准设立的能源、交通、水利等基础设施、线性工程等建设项目，应按照节约集约原则动用砂石，在自然资源部门批准的建设项目用地（不含临时用地）范围内，因工程施工产生的砂石料可直接用于该工程建设，不办理采矿许可证。

2023 年 6 月，自然资源部印发《关于进一步做好用地用海要素保障的通知》（自然资发〔2023〕89 号），提出优化建设项目用地审查报批要求，明确水利水电项目涉及的淹没区用地不需申请办理用地预审，直接申请办理农用地转用和土地征收；重大项目可申请先行用地；重大建设项目直接相关的改路改沟改渠和安置用地与主体工程同步报批；重大建设项目在一定期限内可以承诺方式落实耕地占补平衡，对符合可以占用永久基本农田情形规定的重大建设项目，允许以承诺方式落实耕地占补平衡；优化重大基础设施项目划拨供地程序，在国土空间规划确定的城市和村庄、集镇建设用地范围外的能源、交通、水利等重大基础设施项目，土地征收和农用地转用经批准实施后，直接核发国有土地使用权划拨决定书。

8 国际合作

2023 年，中国可再生能源国际合作取得积极进展。面对国际形势风云变幻，中国高举合作旗帜，以"四个革命、一个合作"能源安全新战略为指引，推动落实共建"一带一路"倡议、全球发展倡议和全球能源安全倡议，积极拓展全球能源伙伴关系，与有关国家签署能源领域合作协议。中国企业积极参与国际可再生能源项目合作，水电、风电和光伏等产业国际影响力不断增强，为东道国提供绿色能源，促进当地经济社会可持续发展。展望未来，中国将继续推进能源国际合作，不断深化多双边合作机制，积极参与全球能源治理，携手应对气候变化挑战，共同推动全球可持续发展目标实现。

8.1 国际能源治理

2023 年，中国深入落实共建"一带一路"倡议，努力推动建立全球清洁能源伙伴关系，统筹深化区域合作平台，聚焦非洲、中亚、中东、欧洲等重点区域和有关重点国别，不断加强可再生能源领域多双边合作平台建设，积极参与全球能源治理。

8.1.1 "一带一路"框架下能源合作

2023 年是共建"一带一路"倡议提出 10 周年。倡议提出以来，能源基础设施互联互通不断加强，共建国家绿色低碳转型深入推进，全球发展倡议和全球安全倡议进一步落地见效。

目前，"一带一路"能源合作伙伴关系成员国数量达 33 个。"一带一路"能源合作伙伴关系成为共建"一带一路"框架下成员国数量最多、活动最丰富、成果最务实的合作平台。2023 年，第三届"一带一路"能源合作伙伴关系论坛发布伙伴关系合作网络代表单位与智库的最新研究成果与倡议，展示了"一带一路"能源合作 10 年来取得的重大标志性成就；第三届"一带一路"国际合作高峰论坛期间，中国与乌兹别克斯坦、阿塞拜疆、古巴签署能源合作协议，推动 6 项能源合作成果写入第三届"一带一路"国际合作高峰论坛成果清单。

8.1.2 加快建设全球清洁能源伙伴关系

全球清洁能源合作伙伴关系，是响应习近平总书记全球发展倡议的重要举措。2022 年 6 月，习近平总书记出席全球发展高层对话会时，首次提出中国推动建立全球清洁能源合作伙伴关系。国家能源局认真学习和贯彻落实总书记重要讲话精神，研究编制全球清洁能源合作伙伴关系概念文件，明确了清洁能源领域扩大投资、产业融合、技术创新、国际合作、能源转型等发展理念，在联合国等平台广泛宣介，其理念得到了部分国家和国际组织的积极响应，古巴、哥伦比亚等国家表达了加入伙伴关系的意愿。2023 年第四届国际能源变革论坛期间，发布《全球清洁能源合作伙伴关系倡议》《能源变革指数蓝皮书》等系列成果，发起成立国际能源变革联盟，举办"中国能源革命十周年"主题展览，为推动全球清洁能源务实合作奠定了坚实基础。

国际能源变革论坛嘉宾合影

8.1.3 持续推动重点区域合作

不断深化中国—东盟、中国—非盟、中国—阿盟、中国—中亚等区域能源合作，持续巩固区域能源合作基本盘，促进能源领域共同发展、共同繁荣。

中国—东盟清洁能源合作持续深化，合作中心建设取得积极进展。2023 中国—东盟清洁能源合作周期间，中国—东盟清洁能源合作中心事务管理办公室授牌仪式举行。能源周期间还举办了第六届东亚峰会清

中国—东盟清洁能源合作周

洁能源论坛、第六届东盟＋3清洁能源圆桌对话、中国—东盟清洁能源能力建设2023交流等多项活动，为进一步加强中国—东盟清洁能源合作、夯实全面战略伙伴关系和推动区域全面经济伙伴奠定坚实基础。

依托中国—非盟能源伙伴关系，深入推进中非能源合作。伙伴关系框架下首届能源合作项目推介会为中国企业参与非洲基础设施发展计划（PIDA）及非洲国家能源项目提供了信息渠道，来自非盟及30个非洲国家的43位非洲驻华使节（其中15位为驻华大使）积极分享合作机遇。同时，在伙伴关系框架下发起中非能源创新合作加速器项目，遴选最佳合作案例和创新技术解决方案，通过能力建设、资源对接和宣传推广等，助力更多"小而美"清洁能源项目在非洲落地。

中国—非盟能源伙伴关系框架下首届能源合作项目推介会

配合重要外事活动，与阿盟和中亚区域合作不断加强。为推动落实2022年中国—阿拉伯元首峰会精神，深化与阿拉伯国家能源领域务实合作，国家能源局召开第七届中阿能源合作大会，推动了可再生能源与氢储等领域交流合作。大会发布《中阿能源合作回顾与展望》成果报告，系统梳理合作历程，提出未来合作建议。能源合作成为首届中国—中亚峰会期间各方关注的焦点。中方企业与中亚国家在峰会期间签署约20份合作协议。《中国—中亚峰会西安宣言》提出建立中国—中亚能源发展伙伴关系，加强水力、太阳能、风能等可再生能源合作，建设实施清洁能源等领域项目。

8.1.4 　多边机制下积极参与全球能源治理

通过 G20、IEA、IRENA、上合组织、金砖等能源领域重要多边机制，积极参与全球能源治理，为推动各国实现能源转型目标提供助力，贡献中国方案。 积极参与 2023 年能源转型部长会议，重点呼吁各国携手维护全球能源产业链供应链畅通；第三期《国家能源局—国际能源署三年合作计划》正式签署，为合作奠定良好基础；中国—IRENA 合作办公室正式揭牌，与 IRENA 机制性合作迈向新阶段；上合组织第三次能源部长通过《上海合作组织成员国关于开展新兴燃料和能源行业建模合作的联合声明》，强调开发利用可再生能源，将风能、太阳能、水电等确定为前景方向；参与第八届金砖国家能源部长会议，与金砖伙伴就加强能源安全合作、推进能源绿色低碳转型、交流能源技术和分享能源行业发展经验等达成共识。

中国—IRENA 合作研讨会

8.1.5 　加强双边合作促进互利共赢

2023 年，与非洲国家双边合作主要围绕纳米比亚、安哥拉、坦桑尼亚、南非、阿尔及利亚等国开展。 国家能源局与上述国家有关政府部门及重要企业展开深入交流。 纳米比亚欢迎中方企业利用自身优势，积极参与当地能源项目合作，深化新能源、氢能领域合作；安哥拉、坦桑尼亚和南非把电力和可再生能源作为合作重点。 此外，阿尔及利亚总统访华期间，中阿两国能源主管部门签署《中国—阿尔及利亚可再生能源合作谅解备忘录》，推动开展能力建设、联合研究、示范项目等合作。

与南非总统府电力部部长开展交流

　　深化与乌兹别克斯坦、哈萨克斯坦、土库曼斯坦等中亚国家合作机制。 与乌兹别克斯坦签署《关于开展可再生能源领域合作的协议》，拓展可再生能源发电、相关配套电网新建和改造、技术装备、科技创新等领域合作；为深化拓展可再生能源发电、相关配套电网新建和改造、技术装备、科技创新等领域合作奠定良好基础，中乌能源合作分委会第七次会议进一步推动两国电力、可再生能源等领域合作。 与哈萨克斯坦合作不断发展，中哈两国能源主管部门共同主持召开中哈能源合作分委会第十二次会议，并签署会议纪要，未来双方将认真落实能源领域政府间协议和企业间合同，在分委会框架内推进合作，指导中方企业积极参与

中华人民共和国国家能源局
National Energy Administration of
the People's Republic of China

中乌能源主管部门召开线上会议

哈能源项目。此外，中土两国元首于 2023 年年初举行会谈，将全面挖掘绿色能源等领域合作潜力作为重要内容。在两国元首的战略引领下，中土双边关系提升至全面战略伙伴关系的新水平。为做好中国—土库曼斯坦政府间合作委员会第六次会议能源领域筹备工作，中土能源合作分委会第八次会议举行，并签署会议纪要。在国际能源市场跌宕起伏的背景下，深化合作有助于中土双方防范和化解重大能源风险，两国积极探索以天然气带动新能源的合作模式。

积极推进与阿联酋、沙特和卡塔尔等中东国家磋商。为落实首届中国—阿拉伯国家峰会、中国—海湾阿拉伯国家合作委员会峰会成果，加强国家政策对接，国家能源局主要负责人率团访问上述国家。在阿联酋，就光伏、氢能等领域合作深入交换意见。在沙特阿拉伯，召开中沙能源合作会议，就加强能源领域机制对话，推进氢能等领域务实合作达成共识。在卡塔尔，就在两国领导人战略引领下进一步加强沟通协调，持续深化能源领域务实合作达成共识。

与丹麦、希腊、葡萄牙、西班牙等欧洲国家双边合作不断加强。中国和丹麦两国政府共同发布《绿色联合工作方案（2023—2026）》，双方将在能源转型等领域开展密切合作，包括增加能源系统灵活性，提升可再生能源并网水平、能源利用效率和清洁与可再生能源供暖能力等。同时，中国能源主管部门负责人会见丹麦发展合作与全球气候政策大臣，签署《关于加强中丹清洁能源伙伴关系的谅解备忘录》。此外，为推动与欧洲国家构建清洁能源伙伴关系，中国能源主管部门率团访问希腊、

与丹麦发展合作与全球气候政策大臣开展交流

西班牙和葡萄牙；会见希腊环境和能源部并召开在欧能源企业座谈会；参加 2023 年国际可再生能源会议，宣介中国在引领能源转型方面的成绩与贡献；与葡萄牙环境与气候转型部能源国务秘书举行双边会见，探讨深化双边清洁能源务实合作。

8.1.6　推动大国能源合作

中美能源合作阶段性止跌企稳。中美发表《关于加强合作应对气候危机的阳光之乡声明》，再次重申关于应对气候变化的既有共识，并宣布将启动"21 世纪 20 年代强化气候行动工作组"，针对能源转型等议题开展切实合作。

推动中俄能源务实合作再上新台阶。中俄元首共同签署《关于深化新时代全面战略协作伙伴关系的联合声明》，双方将打造更加紧密的能源合作伙伴关系，推动落实有助于减少温室气体排放的倡议。此外，第五届中俄能源商务论坛在北京召开，双方将积极拓展能源合作新增长点，加强可再生能源、氢能、储能、碳市场等新兴领域合作，携手推动低碳领域技术革命与产业发展。

加深与英国、法国、德国等国家交流合作。中国能源主管部门与英国外交、联邦和发展事务部举行会见，围绕能源转型政策与进展、能源转型中出现的问题和挑战展开交流，并就进一步推动在可再生能源、氢能、储能等领域的技术交流与合作交换意见。第三次中法能源对话期间，两国能源主管部门围绕能源安全与能源转型政策深入交流，并就推动可再生能源、储能和氢能等领域合作交换了意见。在德国柏林能源转型对话期间，中国能源主管部门宣介中国能源转型理念，倡导国际社会加强转型合作，构建全球清洁能源合作伙伴关系。

8.2　国际能源产业合作

2023 年，中国企业践行高质量开展"一带一路"能源合作，积极参与国际绿色能源项目投资建设，深入推进先进装备制造走出去，统筹考虑东道国国情特点，不断发挥自身优势，推动建成了一批经济效益好、综合效益优的绿色项目，为东道国提供清洁、可靠、安全的绿色电力，改善当地供电情况，促进经济和社会可持续发展。

8.2.1　水电国际合作高质量稳步推进

2023 年，中国境外水电项目（包括水电设备出口项目和水电工程项目）签约 29 个，签约金额约 42.1 亿美元❶。 新签项目主要集中在东南亚地区，签署印度尼西亚苏拉威西 31.5 万 kW 水电站项目 EPC 合同（该项目是中印尼高质量共建"一带一路"和"区域综合经济走廊"标志性工程）、尼泊尔 36 万 kW 布达甘达吉水电站项目 EPC 合同、菲律宾瓦瓦 50 万 kW 抽水蓄能电站 EPC 合同等合作文件。 此外，中资企业与埃及国家电力控股公司签署埃及抽水蓄能项目合作备忘录，旨在以互利共赢、共同发展为目标，推动埃及能源转型和绿色发展。

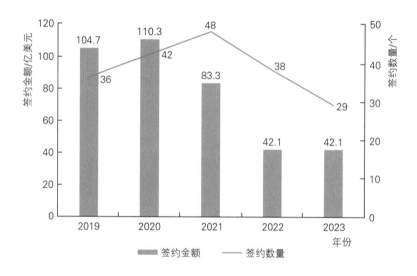

2019—2023 年中国企业境外水电项目统计

刚果（金）布桑加水电站

---

❶ 据中国机电产品进出口商会统计。

布桑加水电站位于刚果河上游卢阿拉巴河上，最大坝高141.5m，蓄水量13亿 m³，总装机容量24万 kW，是刚果（金）大加丹加地区60多年来首个大型能源类基础设施项目。 该项目2023年10月正式投运发电，平均年发电量达13.31亿 kW·h，可以满足刚果（金）约1/10的用电量。 项目从设计、施工、设备制造、安装验收均采用中国标准。

8.2.2　风电产业持续助力全球能源转型

2023年，中国风电整机商出口额达366亿元，其中，中国品牌出口470万 kW，国际品牌出口450万 kW。 中国境外风电项目（包括风电设备出口项目和风电工程项目）签约40个，签约金额约88.5亿美元。 新签项目主要集中在中亚和东南亚地区，签署乌兹别克斯坦100万 kW 风电项目谅解备忘录、哈萨克斯坦100万 kW 风电＋储能项目三方合作协议、越南河内91.6万 kW 风电项目群工程 EPC 合同、老挝色贡省100万 kW 风电项目 EPC 合同，以及老挝博拉帕60万 kW 和勘格70万 kW 风电项目合作开发谅解备忘录等合作文件。 此外，2023年中国风电产业在欧美市场影响力进一步提升，签署墨西哥图利普23.5万 kW 风电项目 EPC 合同，中资企业出口英国 Moray West 86万 kW 海上风电场的48根超大型单桩项目如期交付，是目前全球已交付的最大规格单桩产品。

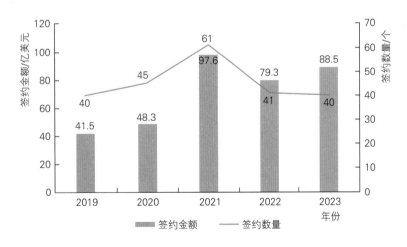

2019—2023年中国企业境外风电项目统计

11月24日，由中企建设的乌兹别克斯坦首个大型风电项目泽拉夫善50万 kW 风电项目完成倒送电及首台风电机组并网发电，乌总理、能源部长等政府官员亲临见证。 该项目创造了乌兹别克斯坦风电发展史多项第一，建成后将成为中亚地区最大的投产风电项目，能为 50 多万户家庭提供清洁电力，每年可节约二氧化碳排放量约 110 万 t。

乌兹别克斯坦泽拉夫善 500MW 风电项目

8.2.3　光伏项目签约数量保持增长

2023 年，中国光伏企业不断加大技术研发力度，光伏产品出口规模保持增长势态。其中，硅片出口约 7030 万 kW，同比增长 93.6%；电池产品出口约 3930 万 kW，同比增长 65.5%；组件产品出口约 2.1 亿 kW，同比增长 37.9%。受主要光伏产品价格下降影响，出口总体呈现"量增价减"态势，2023 年光伏主材（硅片、电池、组件）出口约 490.66 亿美

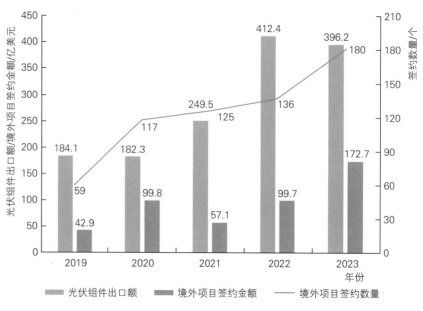

2019—2023 年中国企业境外光伏项目统计

元，同比下降 5.58%。 欧洲依然是中国最重要的海外光伏出口市场，约占海外出口总额的 41%，亚洲约占 40%，荷兰、巴西、西班牙、印度仍然是中国光伏行业前四大出口市场。 2023 年，中国境外光伏项目（包括光伏设备出口项目和光伏工程项目）签约 180 个，签约金额约 172.7 亿美元。

中资企业签约老挝色贡 60.9 万 kW 陆上光伏项目 EPC 合同，该项目是老挝首个大规模陆上光伏项目。 项目年发电量预计可达 8.2 亿 kW·h，建成后将有效提高老挝供电能力，并为越南输送电力，缓解越南中部地区用电紧张情况，此外，项目投产后将每年减少二氧化碳排放量约 100 万 t，带动老挝光伏产业发展。

8.3
可再生能源
国际合作展望

未来，中国将继续深化"一带一路"能源合作伙伴关系和全球清洁能源合作伙伴关系，加强中国—非盟、中国—东盟、中国—阿盟等区域合作，通过 IRENA、IEA、G20、APEC、金砖等合作平台，积极参与全球能源治理，携手各国推动全球可持续发展目标落地。

一是持续建设"一带一路"能源合作伙伴关系和全球清洁能源合作伙伴关系，提升中国在全球能源领域影响力。 召开第三届"一带一路"能源部长会议，不断扩大"一带一路"能源合作朋友圈；推进全球清洁能源合作伙伴关系，建立健全伙伴关系组织架构；加强与主要能源国际组织的交流合作，在多边合作框架下继续贡献能源转型的中国方案。

二是巩固和深化中国—非盟能源伙伴关系，推动能源合作迈向新阶段。 推动《中国—非盟能源伙伴关系谅解备忘录》续签，依托伙伴关系机制，做好第九届中非合作论坛能源领域成果准备，推动政策对接和人员交流，实施中非能源创新合作加速器项目，促进合作项目落地。

三是推动中国—东盟清洁能源合作，推动中国—东盟清洁能源合作中心建设取得阶段性成果。 办好第七届东盟＋3 清洁能源圆桌对话，依托中国—东盟清洁能源合作中心执行机构与东盟国家继续加强电力互联互通、可再生能源、清洁能源能力建设等方面务实合作。

四是聚焦中国—阿盟能源领域共同目标，探索传统能源带动可再生能源发展新模式。 继续发挥中阿能源资源禀赋和产业互补优势，巩固现有合作基础，拓展清洁能源合作，促进能源低碳转型，加强能源政策对接，协调筹建中阿清洁能源合作中心，携手维护全球能源安全。

五是进一步释放中国和欧洲能源合作潜力，共谋能源市场稳定的同时实现能源转型。 继续加强与欧盟及欧洲各国能源主管部门政策沟通，组织召开中欧、中英、中法、中德等双边对话机制活动，通过中欧能源技术创新平台作用，促进风电、氢能、储能等重点领域技术创新合作。

六是继续深化中美大国合作，在气候变化的共同挑战中寻求利益契合点。贯彻两国元首在旧金山的会晤精神，以相互尊重、和平共处、合作共赢为原则，共同推动在气候变化等新兴领域的互利合作。

七是保持中俄能源合作良好态势，在优势互补的基础上共同维护能源安全。以 2024 年中俄建交 75 周年为契机，不断深化中俄能源合作伙伴关系，组织筹备好第六届中俄能源商务论坛，做好中俄能源合作委员会第二十一次会议相关工作，促进全球能源市场健康稳定可持续发展，推动中俄可再生能源领域合作稳步提升。

八是加强设施联通深入推进，共建绿色电力合作项目为区域注入可持续发展动力。深入推进与周边重点可再生能源资源国互利合作，积极拓展能源合作新渠道，加强与周边国家电力互联互通，稳步推动扩大跨境电力贸易规模。

9 热点研究

9.1
综合类

能源变革指数研究首创发布

为推动能源变革，2023 年，有关单位以能源变革为核心议题，深入剖析能源变革关键要素，开展了能源变革指数研究工作，首次建立国家能源变革量化评估体系，编制并发布《能源变革指数蓝皮书 2023》（以下简称《蓝皮书》）。《蓝皮书》基于 90 项表征能源变革现状和速度的指标，首次从能源消费、能源供给、能源技术、能源体制、国际合作 5 个维度，建立了能源变革进程量化评估体系，对各国能源变革进展情况和整体表现进行评估，总结现有能源变革经验和不足，深度剖析当前差距和挑战，提出了五大发展建议。

推动跨省区输电通道配套电源规划研究，服务新能源外送

为全面贯彻落实国家碳达峰碳中和目标，结合以"沙戈荒"地区为重点的大型风电光伏基地规划开发及电力供需发展形势，国家能源主管部门持续推动跨省跨区输电通道和配套电源一体化方案研究论证工作，着力提升输电通道利用效率和可再生能源电量占比，增强区域能源资源优化配置。结合科学论证评审成果，完成了多条特高压输电通道配套电源方案的论证与批复。此外，结合"十四五"规划调整，开展新增纳入国家规划跨省跨区输电通道配套电源的方案研究论证工作。

启动"十五五"能源规划前期研究，提前谋划加强顶层设计

按照党的二十大部署安排，紧扣推进中国式现代化的重大理论和实践问题，国家相关部门启动"十五五"能源规划前期研究，在做好"十四五"规划中期评估的基础上，围绕"十五五"规划系统谋划发展思路，深入开展调查研究，探索创新的思路和举措，聚焦关键的堵点，创新思路方法，研究关键性任务和重大举措。

9.2
水电类

开展长江流域水能资源开发与保护研究

党的十八大以来，在习近平生态文明思想的指引下，中国加快推进生态文明建设，推动长江大保护。党的二十大报告提出，积极稳妥推进碳达峰碳中和，统筹水电开发与生态保护。2023 年，为严格落实《中华人民共和国长江保护法》，开展长江流域水能资源开发与保护研究工

作，在全面总结新中国成立以来特别是党的十八大以来长江流域水电开发建设经验基础上，提出了新时代长江流域水能资源开发与保护的总体思路、主要目标、任务措施等。

全国主要流域水风光一体化基地规划研究全面推进

2022 年 3 月，《关于开展全国主要流域可再生能源一体化规划研究工作有关事项的通知》印发，开展全国主要流域以水风光为主可再生能源一体化规划研究和编制工作。 2023 年，全国主要流域水风光一体化研究工作持续推进。 雅砻江流域水风光一体化基地规划已印发并启动实施，提出依托雅砻江流域水电、抽水蓄能等电源的调节能力，带动流域风光资源基地化规模化开发；建立健全管理政策、技术标准、建设模式和运行规程等，为全国水风光一体化基地建设形成可推广、能复制的经验。 藏东南、澜沧江上游、金沙江上游等主要流域水风光一体化基地规划研究工作基本完成。

全国抽水蓄能需求论证研究取得重要成果

抽水蓄能是电力系统重要的绿色低碳清洁灵活调节电源，加快建设抽水蓄能电站，对构建新型电力系统、规划建设新型能源体系、促进能源绿色低碳转型、实现碳达峰碳中和目标意义重大。 确定抽水蓄能发展需求规模是实现抽水蓄能高质量发展的重要前提。 2023 年，综合考虑新能源发展和电力系统运行需要，科学规划、合理布局、有序建设，经深入研究论证，提出了 2030 年、2035 年全国抽水蓄能发展需求规模。

抽水蓄能电价机制研究不断深化

2021 年 4 月，《关于进一步完善完善抽水蓄能价格形成机制的意见》印发，明确要以两部制电价政策为主体，进一步完善抽水蓄能价格形成机制，以竞争性方式形成电量电价，将容量电价纳入输配电价回收。 为进一步发挥好价格机制的引导作用，2023 年开展了抽水蓄能电价机制深化研究，提出下一步价格机制的关注重点：一是要确保政策连贯，有序平稳过渡；二是着眼问题导向，加强激励约束；三是要提高政策实操性，适应现有体制；四是要增强机制多样性，衔接电力市场；五是要确保机制公平，平衡各方利益；六是要鼓励技术创新，降低运行成本。

9.3
新能源类

开展光热发电规模化发展专题研究提升支撑调节能力

为加快规划建设新型能源体系，更好发挥在新型电力系统中的作用，国家能源主管部门组织开展光热发电规模化发展研究工作。 研究建立光热发电资源评估标准体系，对全国重点区域光热发电资源开展调查评估。 在此基础上，系统开展光热发电规划布局研究，明确重点开发区域的发展目标、项目布局、开发建设时序。

推动新型储能高质量发展研究，增强系统支撑调节作用

为推动新型储能多元化高质量发展，国家能源主管部门组织开展新型储能在新型能源体系中作用与合理配置相关研究，结合新型储能发展特点，跟踪评估试点示范相关，研究促进新型储能调度运用举措，引导新型储能科学调用，并开展新型储能发展需求研究，促进新能源在大基地以及电网和负荷侧科学进一步发挥支撑调节作用。

开展全国骨干氢网布局研究谋划"西氢东送"能源供应格局

在中国碳达峰碳中和背景下，为衔接"三北"地区绿氢生产基地和东部地区大规模用氢需求，需要通过布局氢能管网解决氢能大规模、跨区域经济性运输难题。 2023 年，国家能源主管部门组织开展了构建以"西氢东输"为主的全国骨干氢网的布局研究，超前谋划"西氢东送"的氢能供应格局。

10 发展展望

2024 年是中华人民共和国成立 75 周年，是实现"十四五"规划既定目标的关键一年，也是习近平总书记提出"四个革命、一个合作"能源安全新战略十周年。 2024 年全国能源工作会议提出能源行业要以更加坚定的步伐推动转型变革，以更大力度推动可再生能源高质量发展，可再生能源发展将继续保持强劲势头。

10. 1 整体发展形势

新形势对可再生能源高质量发展提出新要求

当前中国正积极稳妥推进碳达峰碳中和工作，推进产业绿色低碳转型发展。 习近平总书记在二十届中央政治局第十二次集体学习时强调，要大力推动新能源高质量发展，深化新能源科技创新国际合作，有序推进新能源产业链合作，深度参与国际能源治理变革。 中国可再生能源仍将保持高速增长态势，可再生能源发展大有可为也任重道远，将遵循规划先行、统筹兼顾的路径高质量发展。

中国可再生能源发展仍然面临诸多挑战

一是中国能源自主保障能力的提升要求进一步加大可再生能源的开发利用。 随着中国式现代化进程的推进，能源消费需求将持续增长，而中国石油、天然气等化石能源储量有限、对外依存度不断上升，实现能源自主保障必须有序推动可再生能源对化石能源的规模化可靠替代。二是新能源可靠替代能力仍需进一步提升。 当前，新能源的波动性还主要依赖于电力系统中的传统电源进行调节，新能源大规模发展对调节性资源需求日益增大，仍需要不断深化新能源自身和整个电力系统的技术创新与模式创新。 三是可再生能源的高效消纳亟需更强的系统支撑。现有电力系统规划建设、调度运行还难以完全适应可再生能源快速发展节奏，对可再生能源尤其是分布式新能源的承载能力还有待加强，适应新能源大规模发展的合理利用率引导目标也亟待建立。 有待进一步优化电网结构，提高跨区域电力调度能力，以适应高比例可再生能源发展需求。

中国可再生能源高质量发展仍将在规划、建设、技术以及政策等方面持续发力

2024 年是完成 2025 年非化石能源占一次能源消费比例 20％左右任务的关键一年，仍需以大规模可再生能源发展作为目标实现的强力支

撑。 一是适度超前发展可再生能源。 保持非化石能源快速发展良好势头，厚植绿色发展底色底蕴，中国还将有序推进主要流域水电开发，稳步推进新能源大基地建设，优化海上风电基地规划布局，大力推广分布式可再生能源系统，增加可再生能源供给能力。 二是全面提升电力系统灵活性。 加大力度推进抽水蓄能和新型储能电站建设，推动煤电转型升级，全面提升系统调节能力，加强跨省跨区输电通道和智能配电网建设，发挥大电网资源配置作用，完善源网荷储多元要素互动模式，通过电力市场、价格机制等引导提高负荷侧灵活调节能力提升。 三是持续推进技术进步。 新材料、高端制造等技术推动新能源产业持续迭代升级。各类先进太阳能电池技术从实验室逐步转向商业应用，风电机组新材料新设备应用加速大型化趋势，构网型新能源的成熟和推广进一步推动新能源高质量并网消纳。 四是不断完善政策与市场机制。 非化石能源不纳入能耗双控、可再生能源消纳权重等激励和引导性政策效果逐步显现，带来更大的可再生能源电力消费需求，拉动新能源装机容量继续较快增长。 同时，随着绿色电力需求的不断提升，市场化消费绿色电力氛围愈发浓厚，客观上也带动更多的新能源投资。

10.2 各类能源判断

10.2.1 常规水电

预计 2024 年常规水电发电投产规模 600 万 kW 左右

结合常规水电建设进度，预计 2024 年常规水电投产规模较 2023 年有一定提升，可能投产的水电站（机组）主要包括金沙江巴塘、银江水电站，黄河上游玛尔挡、羊曲水电站，岷江龙溪口航电枢纽，西南诸河部分水电站等；考虑部分中小型水电站投产，预计常规水电发电投产规模在 600 万 kW 左右。

预计 2024 年大型常规水电核准规模 300 万 kW 左右

结合常规水电站前期工作进展，预计 2024 年可能核准的大型水电站主要包括大渡河老鹰岩一级水电站，西南诸河部分水电站等，考虑到一定的不确定性，预计核准 300 万 kW 左右。

流域水风光一体化示范基地积极推进

开展基地先行示范、树立基地标杆是加快基地开发建设步伐、实践流域水风光一体化发展模式、促进全国流域水风光一体化基地高质量建设的必然要求。 雅砻江流域水风光一体化基地（以下简称雅砻江基地）是首个实施建设的流域水风光一体化示范基地，对中国其他主要流域一体化基地建设具有重要的示范和借鉴意义。 预计到 2035 年雅砻江示范基地全面建成，清洁可再生能源装机规模达 7800 万 kW。 在雅砻江示范基地建设先行先试的基础上，藏东南、澜沧江上游、金沙江上游水风光一体化基地规划建设工作也在积极推进。

10. 2. 2　抽水蓄能

抽水蓄能有力有序高质量发展的基础进一步夯实

调节储能设施是构建新型电力系统、规划建设新型能源体系、实现碳达峰碳中和目标的关键支撑。 按照目前的发展形势，到 2035 年前，抽水蓄能仍是技术最成熟、经济性最优、最具大规模开发条件的绿色低碳安全调节储能设施，发展抽水蓄能仍是主基调。 2024 年国家将按照需求导向、合理布局、产业协同的原则开展抽水蓄能项目布局优化调整工作，为抽水蓄能有力有序持续发展奠定坚实基础。

预计 2024 年抽水蓄能发电投产规模 600 万 kW 左右

2024 年，预计河北丰宁、辽宁清原、福建厦门、重庆蟠龙、新疆阜康等抽水蓄能电站将全部机组投产，江苏句容、浙江宁海、浙江缙云、陕西镇安等抽水蓄能电站也会有部分机组投产，预计全年抽水蓄能发电投产规模在 600 万 kW 左右；到 2024 年年底，在运总规模达 5700 万 kW/4. 5 亿 kW·h。

预计 2024 年抽水蓄能核准规模 4000 万 kW 左右

根据抽水蓄能需求规模及已建、核准在建规模情况，预计 2024 年抽水蓄能核准规模 4000 万 kW/2. 4 亿 kW·h。

10. 2. 3　风电

风电仍将保持较快发展速度

从建设成本看，目前风电主要设备价格及建设安装成本总体处于低位，风电市场加速开发具备较好的经济性基础。 从在建项目规模看，剩余第一批大基地，部分第二、第三批大基地将在 2024 年集中取得并网，沿海一些省份海上风电临近省补收口时间，也将迎来一轮项目抢装热潮，再考虑各地区多能互补、风电制氢、园区绿电直供等非基地项目。

预计 2024 年全国风电并网装机容量约为 7000 万 kW

新增装机布局方面，陆上风电主要集中在大基地项目较多、新能源发展动能强劲的"三北"地区，其中内蒙古、新疆、甘肃等省份新增并网装机容量较大；海上风电以广东、山东为主，华东沿海也将有部分项目在 2024 年迎来并网。

10. 2. 4　太阳能发电

太阳能发电仍将保持高速增长态势

在建项目方面，第一批大基地个别光热项目和第二、三批大基地集中式光伏项目将在 2024 年迎来并网；生产型、出口型企业碳足迹要求下，工商业分布式光伏作为首选绿色电力供应方式，也将保持较大装机规模；新一轮农网改造实施下户用光伏仍拥有一定发展空间。

预计全年太阳能发电并网装机容量约为 1.9 亿 kW

新增装机布局方面，山东、河北、青海、内蒙古、云南、新疆（含兵团）、陕西等省份新增装机较多，预计为 1000 万～1500 万 kW，其中西北地区以集中式为主，东中部以分布式为主，河北、云南集中式和分布式基本一致。其余省份（除直辖市外）发展规模从百万千瓦到千万千瓦不等，"三北"和中东南地区分别以集中式和分布式为主，规模比例总体接近。

10. 2. 5　其他

多种应用场景推动新型储能以及新技术规模化发展

重点依托"新能源＋储能"、基地电力开发外送等模式，合理布局发电侧储能，建立电力"源网荷储"一体化模式；灵活布局用户侧新型储能，发挥供电系统安全稳定运行的辅助保障作用。健全调度运行机制，促进新型储能发挥电力、电量双调节的功能。加快出台适应新型储能发展的容量电价机制。充分考虑合理容量需求、价格可承受上限、电价疏导渠道等因素，研究采用竞价等市场化方式进行容量分配并形成容量价格。

地热能供暖规模化开发与城乡用能规划融合发展

北方清洁供暖重点地区通过进一步探索地热能高质量发展示范区建设，提升地热能开发管理模式，创新地热能开发方式，提高地热能利用效率，推动地热能高质量发展。在西南、东南、中东部等地区推动深部地热资源开发，开展试验性工程建设，带动基础理论研究、资源勘查评价、关键技术创新、高端装备制造、数字化等诸多领域的快速发展。

绿色氨（醇）需求引领氢能产业发展

"三北"可再生能源资源丰富区域的制取绿色氢、氨、甲醇项目初步具备经济性，结合绿色航运需求，以绿色甲醇为主的氢气消纳途径将引领氢能产业发展，主要沿海港口绿色甲醇加注基础设施将逐步完善。以火电掺氨为主的氢能利用方式有望在政策的推动下，形成一定规模的项目示范。结合全国在建绿氢项目产能情况，预计 2024 年全国新增绿氢产能约 20 万 t。

声　　明

本报告内容未经许可，任何单位和个人不得以任何形式复制、转载。

本报告相关内容、数据及观点仅供参考，不构成投资等决策依据，水电水利规划设计总院不对因使用本报告内容导致的损失承担任何责任。

如无特别注明，本报告各项中国统计数据不包含香港特别行政区、澳门特别行政区和台湾省的数据。部分数据因四舍五入的原因，存在总计与分项合计不等的情况。

本报告部分数据及图片引自国际可再生能源署（International Renewable Energy Agency）、国际水电协会（International Hydropower Association）、国家统计局、中国气象局、国家能源局、中国电力企业联合会等单位发布的数据，以及 *Renewable Capacity Statistics* 2024、中华人民共和国 2023 年国民经济和社会发展统计公报、2023 年全国电力工业统计数据、全国风能资源详查和评价报告、中国风能太阳能资源年景公报 2023、欧洲中期天气预报中心（EC-MWF）、中国光伏产业发展路线图（2023—2024 年）、中国太阳能热发电行业蓝皮书 2023、*Energy Transition Investment Trends* 2024 等统计数据报告，在此一并致谢！